어디에서든,
누구와 함께하든

5,000일간 지구별을 가로지른 콴타스틱과 우리들의 설렘 가득한 출발

어디에서든, 누구와 함께하든

콴타스틱 쓰고 찍다

책들의정원

,,,Prologue

행복을 나누어주는 사람,
삶 속에 여행을 담아내다

'가족을 떠나 무소의 뿔처럼 혼자 사느냐,
한국에서 지옥철을 타고 다니며 사느냐….'

고민은 그리 오래 가지 않았다. 어쩌면 나에게 맞는 답은
오래전에 정해져 있었는지도 모르겠다. 러시아 오지 마을에
있는 의류 회사에서 첫 직장 생활을 시작했다. 다양한 사람들
이 모인 곳이었지만 대부분의 러시아 사람들은 인생의 즐거
움을 멀리서 찾으려 하지 않았다. 언제 올지 모르는 미래를

기다리기보다 현재를 소중히 생각하고 즐기려는 생각이 강했다.

대한민국 기성세대가 노후를 준비하고 자녀의 결혼을 원하고 손자, 손녀를 기다리는 삶을 살고 있을 때 러시아 사람들은 노후도 결혼도 꼭 인생의 테두리에 넣지 않아도 된다고 넌지시 알려주었다.

2년간의 근무를 마치고 한국 사무실로 복귀하려는 찰나, 내 손에는 귀국 항공권 대신 바이칼 호수로 떠나는 시베리아 기차표가 쥐어져 있었다. 부모님도 그립고 한국 음식도 그리웠지만 무엇보다 서쪽으로 가면서 마주할 풍경들이 더 궁금해 어찌 보면 무모한 짓을 저지른 것이다. 그 풍경을 보고 한국에 돌아가도 늦지 않을 것 같았다. 짐은 한국으로 보내고 배낭을 메고 시베리아 횡단열차에 몸을 실었다.

학창 시절 세계지리 시간에서 배웠던 지명들을 직접 두 눈으로 볼 때마다 설레었고 처음 보는 사람들이 반겨주는데 여행을 멈춰야 할 이유가 없었다. 지갑이 얇아지고 얇아져 돌아갈 표 한 장 겨우 남을 때까지 여행을 하고 싶었다.

사랑도 돈이 없으면 힘들 듯 여행도 돈에서 자유로울 수 없다. 서양 여행자는 능통한 영어 실력을 앞세워 일하며 여행하던데 동양 여행자는 언어의 벽 앞에 머뭇거려야 했다. 그 모습에 배가 아팠다.

하지만 이 여행은 오래 가질 못했다. 까다로운 러시아 비자 정책 때문에 도중에 한국으로 돌아올 수밖에 없었다. 다음 여행이 기다려졌고 전기에 감전된 것 같은 짜릿함에 떠나야만 했다. 어떻게 하면 돈과 여행을 병행할 수 있을까 방법을 찾고 싶었다. 다시 해외에서 일할 기회가 생겼다. 이번에는 건설 회사였다. 새로운 지역으로 일하러 가는 건 내가 선택한 또 다른 여행이었다. 해외 근무가 외롭긴 하지만 그보다 더 좋은 점이 많았다. 가장 좋았던 것은 2주씩 1년에 세 번을 떠날 수 있었던 휴가.

여행을 다니며 찍기 시작한 사진은 시나브로 실력이 늘어 급기야 여행사진전에서 입상하는 영광까지 누리게 됐다. 인생에 새로운 전환점을 맛보게 된 계기였다. 이때부터 삶의 방향이 틀어졌나보다. 내 안에 잠자고 있던 '방랑자로서의 시선'이란 것을 깨우기 시작했다. 사진이 살짝 틀어놓은 방향을 완전 꺾어버린 사건이 생겨났다. 방송 리포터. 건설 회사에서 일하던 공대생에게 방송일은 완전히 다른 세상을 맛보게 해주었다.

또다시 여행을 시작했다. 그리고 점점 여행을 떠나는 곳이 한국보다 삶이 힘들고, 관광보다 여행이 어울리는 나라로 구체화되기 시작했다. 관광지를 찾아가는 시간보다 시장이나 골목길을 걷는 시간이 많아졌다. 그렇게 걷다가 만난 현지 사람들을 찾아가는 시간을 만들게 됐고 그곳을 다시 찾게 되면서 서너 번 가는 나라가 생겼다. 조지아 같은 경우는 여섯 번이나 떠났던 애착이 큰 나라였다.

여행을 많이 다니다 보니 자주 가는 나라는 '여행의 네 박자'가 잘 어우러지는 나라들이었다. 아름다운 자연, 맛있는 음식, 친절한 현지인, 저렴한 물가가 바로 그 '여행의 네 박자'다. 미국이나 캐나다에서는 잘 느낄 수 없는 박자이기도 하다. 오늘도 그 네 박자가 조화를 이뤄 협연하고 있는 나라로 여행을 떠날 궁리 중이다.

나의 여행은 현재진행형이다. 15년 가까이 떠나고 있지만 갈 때마다 다른 사람들과 떠나고 갈 때마다 다른 사람을 만난다. 하지만 솔직히 말해서 새로운 것에 익숙해질 법도 한데,

여전히 낯설고 어려운 것이 사실이다. 여전히 한국이 그립고, 한국 음식이 먹고 싶어 오지에서도 한국 식당을 찾게 된다. 한국의 매운 음식과 비슷한 맛이라도 나는 음식이면 허겁지겁 먹기 바쁘고, 한국인을 만나면 그렇게 반가울 수가 없다. 그렇다. 난 철저하게 한국 사람이다.

그래서 내가 떠나는 여행은 더욱 가치가 있었다. 나다운 나를 찾아 떠나는 여행이기 때문이다. 한 달에 한 번은 떠나게 되는 여행. 내가 몰랐던 곳을 다녀올 때마다 난 더욱 커져 있다. 그래서 소중하다. 이제는 함께 떠나는 사람들이 내가 차곡차곡 쌓아온 감정과 행복을 조금씩 쌓아가고 있다. 그렇게 나눌 수 있어서 기쁘다. 난 여행을 하면서 많은 것을 잃었을지 모르지만 더욱 많은 것을 가진 행복한 사람이다. 행복을 나누어주는 사람, 바로 나 콴타스틱이다.

— 2016년 가을이 시작되는 어느 순간에
콴타스틱

목차

런던_ 영국 *Sep. 26th, 2003.*

런던이
날 오라 손짓하네

'왜 그랬을까? 왜 그만둔다고 했을까? 그냥 별 탈 없이 잘 살 수 있었는데.'

　'하지만 난 떠나고 싶었다고. 전 세계 곳곳에서 오라고 내게 손짓하는 듯한 그런 기분, 도무지 지울 수가 없었어. 난 잘한 거야. 이건 운명이고 내 삶인 거야.'

　후회와 함께 짜릿한 쾌감도 무시할 수 없는 순간이었다. 드라마 속 남자주인공처럼 당당하게 사표를 냈고 혹시라도 "석환 씨 없으면 우리 팀 큰일 나는 거 알잖아. 한번만 더 생각해봐"라며 모두가 날 붙잡을까 걱정했지만 기우일 뿐이었다. 사표는 금방 수리되었다.

직장인으로 살아가는 동안 난 숨이 막혔고 살아 있는 것 같지 않은 자괴감에 힘들고 또 힘들었다. 어딘가를 향해 마땅히 하소연할 수도 없었다. 미친 듯 소리를 지를 수도 없었다. 부모님이나 친구들과 통화할 때 내 목소리는 모기보다 작게 기어가기만 했다. 결국 주위에서 날 걱정하기 시작했다.

자의반 타의반으로 첫 직장에서 탈출했다. 그래 맞다. 탈출했다는 표현이 정답이다. 환청처럼 환영처럼 날 찾던 전 세계 곳곳의 장소들이 다시금 나를 불러들였다. 다음 직장을 위한 이력서는 생각조차 하기 싫었다.

러시아 의류 회사에서 직장인으로 근무했던 2년. 그래, 오히려 고맙다. 나다운 나를 찾게 해준 소중한 시간이니까.

시베리아 횡단여행을 도중에 그만두고서 한국에 돌아온 후 답답해 견딜 수가 없었다. 결국 세계지도를 펼쳐들었다. 그리고 첫눈에 날 사로잡은 곳, 바로 영국 런던. 이유는 도무지 모르겠다. 그냥 런던이었다. 유럽으로 가고 싶었고 일단 섬부터 둘러보고 본토로 들어가야 한다고 생각했던 것일까.

'그래, 여기다. 여기로 가자. 여기서 새롭게 시작하는 거야.'

오늘부터 당신의 직업은 무엇입니까

솔직하게 말하고 싶다. 직장생활은 힘들었지만 러시아는 아름다웠다. 심지어 그곳에서의 하루하루를 여행이었다고 기록하고 싶을 만큼 아름다웠다.

찌뿌드드한 온몸을 비틀어가며 겨우겨우 아침에 눈을 뜬다.
몽롱한 정신을 겨우 부여잡고서 창문을 활짝 연다.
그리고는 몇 분간 숨이 멎을 듯한 정지 상태.
동공을 더없이 확장시키는 우리 집 건너편의 녹음이 짙은 풍경.
한국에서는 도무지 경험해볼 수 없었던 이러한 감동은 나를 매일매일 소풍 떠나는 소년으로 변신시켰다.

하지만 이제부터 나는 떠나기로 마음먹은 초보 배낭여행

자가 될 것이다. '배낭여행.' 내 생에 이런 단어를 사용하게 될 거라고 언제쯤 생각이나 해보았을까. 사실 스물여덟은 무엇이든 시작할 수 있는 나이지만, 막상 떠나기로 마음먹고 나니 서른을 코앞에 두고 있던 만큼 즐거움보단 불안감이 더 크게 다가왔다. 이곳에서 훌쩍 날아오른 비행기가 런던의 히드로 공항에 도착하기 전까지 말이다.

'실업자가 되었으니 공항에서 불법 취업자로 오해받아 귀국행 비행기를 타는 건 아닐까?'

'영어가 짧아 이민국 직원의 질문에 대답을 못해 입국 불가 판정을 받는 건 아닐까?'

일어나지도 않은 일에 대한 쓸데없는 불안감이 엄습해왔다. 인터넷과 가이드북을 뒤지며 히드로 공항에 대한 정보를 차곡차곡 쌓아갔다. 하도 많이 봤더니 히드로 공항 한가운데를 거닐고 있는 듯한 착각이 들 정도였다.

괜한 착각만 하고 있던 것일까. 나는 비행기 표를 끊을 생각도 못하고 있었다. '이런 바보. 여행을 시작하려면 비행기부터 예약해야 하는 거잖아.' 런던까지 나를 한 번에 모셔다줄 비행기 표는 너무 비쌌다. 무려 120만 원. 싱가포르를 경유하면 반값인데 굳이 무리할 필요가 없었다. 실업자이다보니 남는 게 시간이요, 없는 건 돈이지 않은가. 배낭여행자라면 고생 좀 해줘야 쿨해 보이지 않을까. 런던까지 스트레이트로 실어다줄 설렘과 행복감을 싱가포르에 반은 남겨둬야 하겠지만

까짓것 어떠랴.

밤 열한 시 싱가포르 창이 공항에 도착해 좀비처럼 공항을 거닐거나 노숙자처럼 구석 어딘가에서 시간을 때우고 다음날 아침 여덟 시에 다시 런던행 비행기에 몸을 싣는 여정을 택했다. '공항에서는 아무데나 자리 잡고 자면 되는 건가. 어두워야 잠을 잘 자는 편인데.' 환승장에서 보낸 나의 첫날 밤. 혹시라도 영화 〈터미널〉의 톰 행크스처럼 국제미아가 되는 건 아닌지 떠올리다가 잠을 제대로 자기는 했는지 모르겠는 상태로 아침을 맞이했다.

그래도 여유롭게 비행기는 탔다. 역시나 잠들었다. 안대까지 걸치고서. 빛이 차단되니 자리는 불편해도 그나마 눈 좀 부칠 수 있었다. 누군가 나를 깨운다. 비행기가 이륙하기 전 비상 탈출을 열심히 설명해주던 승무원이 내게 다가와 작은 쪽지를 건넨다.

이곳 런던에서 만나는 첫 번째 사람인 그녀. 아, 정말 설렌다. 승무원과 로맨틱한 사랑에 빠질 수도 있을 것 같다. 전화번호라도 적어서 주려는 것일까. 나는 여전히 비몽사몽이었다. 그런데 이게 웬걸. 정신을 차려보니 내 손에는 입국신고서가 쥐어져 있었고 그녀는 이미 사라지고 없었다. 뒤쪽을 빼꼼

돌아보니 다른 승객에게도 똑같이 종이를 나눠주고 있었다.

　런던에서 만나는 첫 번째 사람은 그녀가 아니다, 아니다,

아니다. 계속 되뇌었다. 입국신고서를 줄줄줄 채워나갔다.

그런데 직업 칸에 뭘 써야 할까. 애꿎은 펜만 열심히 돌리고

있다.

'Traveller? 그런 직업이 있던가.'
'No Job? 도착하자마자 귀국행 비행기를 타는 건 아니겠지.'
'Photographer?'

내 손에 들려 있는 카메라가 눈에 들어왔다. 그래, 프리랜서 포토그래퍼. 런던에 도착하자마자 내가 나에게 선물하는 새로운 직업. 진작 알았으면 명함 하나 만들어 오는 건데….

이민국 직원이 묻는다.

– 한국에서 무슨 일을 하고 있나요?
– 최근까지 일을 하다 그만두고 여행차 런던에 들렀어요.
– 입국신고서에는 포토그래퍼라고 적혀 있는데요.
– 네, 새로운 일을 시작해보려고요.

최대한 상냥하게 답변했다.

— 당신 사진을 어디서 볼 수 있을까요?
 — 아직은…

나는 머뭇거리며 말을 이었다.

 — 한국에서 카메라 한 대를 구입했고 오늘 런던을 시작으
   로 멋진 사진을 담아보려고 해요.

그는 살짝 주저하는 것처럼 보였다. 하지만 더 이상 질문
하지 않고 입국 도장을 쾅 찍어주었다. 그러고는 여권을 받아
들고 부랴부랴 빠져나가는 나를 바라보며 멋진 사진 많이 찍
으라고 파이팅까지 해주는 것이 아닌가.

‘그래, 이제 난 런던에서 프리랜서 포토그래퍼로 활동하는
거야. 멋진 사진을 잔뜩 찍겠어.’

런던의 첫인상은 이토록 완벽했다.

나는 엣지 넘치는 런더너

서울보다 훨씬 오래되고 큰 도시. 이곳에서 길을 잃으면 모든 게 끝이다. 나같은 초보여행자에게는. 그래서 모든 여행자가 걸어가는 방향으로 걸었고 그들이 타는 지하철 즉, 튜브에 올라탔다.

런던에서 맞이한 첫 날, 궁금증이 하나 생겼다. 유럽인데 흑인이 많아서 특이하다는 생각이 든 것이다. 흑인은 아프리카에만 있을 거라는 무지와 편견이 무참히 깨지는 순간이었다. 그렇다. 런던은 메트로폴리탄이 아니던가.

빈자리에 앉았다. 서울과 다르게 런던의 지하철은 앞자리와의 폭이 좁아 사람들의 일거수일투족이 생생하게 보였다. 옆 사람 손바닥에 손금이 몇 개인지 보일 정도였다. 천장은 얼마나 낮은지 키가 큰 몇몇은 목 디스크가 오는 것이 아닌가 싶을 만큼 고개를 푹 숙이고 있었다.

시내에서 멀리 떨어진 한국인 민박집에 짐을 풀었다. 피곤함도 두려움도 이제부터는 사치처럼 느껴졌다. 무조건 런던을 이 잡듯 뒤지고 다녀야 했다. 하나라도 더 멋진 장면을 카메라에 담아야 했다. 오늘부터 난 포토그래퍼니까.

맨 처음 발길 따라 흘러간 곳은 백인도 흑인도 그렇다고 아시아인도 아닌 특이한 피부색을 가진 사람들이 노점과 상

점을 운영하는 골목길이었다. 이 사람들은 어디서 온 것일
까? 물건 하나를 고르며 오지랖 넓게 말을 건넸다.

  − 안녕하세요. 사실 전 여행초보자인데요. 이 골목을 지나
    면서 궁금한 게 있어서요. 어느 나라 사람인지…. 혹시
    실례가 아니라면 물어봐도 될까요?
  − 흠, 레바논 사람이요.

레바논이라고 하면 오랜 시간 전쟁으로 고통을 받아온 나
라가 아니던가. 난 무의식적으로 레바논의 수도 "베이루트"
를 외쳤다. 그도 눈을 찡긋하며 그리 귀찮지는 않다는 듯 맞
장구를 쳐주었다. 난 계속 질문했다.

  − 레바논 국기에는 나무 한 그루가 있죠? 그게 무슨 뜻인
    지…?
  − 우리나라는 그런 나무가 울창한 숲이 많은 나라인데 지
    금은 많이 불타 사라졌을 거요. ^(한숨)

그는 전쟁을 피해 영국으로 망명 온 레바논 사람들이 많다
고 했다. 그러면서 끝나지 않을 것만 같은 중동의 전쟁에 대

해 이런저런 이야기를 들려주었다. 장사를 하느라 바쁠 텐데 시간을 내 설명하는 그의 표정에서 조국을 향한 안타까움이 많이 느껴졌다. 그의 한마디 한마디엔 아픔과 그리움이 묻어 났다. 괜스레 이야기를 꺼냈나 싶어서 미안하기만 했다. 중동이라는 곳, 거기엔 테러리스트들이 살고 매일 폭탄이 터진다고 들었다. 하지만 여기 런던에서 만난 중동 상인들은 마음이 따스한, 우리와 별반 다르지 않은 평범한 사람들이었다.

다소 무거운 대화에도 난 들뜬 마음을 좀처럼 누를 수가 없었다. 배낭여행을 시작하는 첫째 날이 아니던가. 유럽 여행 동선을 짜느라 며칠을 고생했는데, 런던 다음 도시로 중동 레바논이나 다마스쿠스로 가고 싶어지는 건 뭐지. 런던에서 보낸 첫날은 이토록 강렬하게 다가왔다. 비록 짧은 시간이었지만 길 위에 학교는 여행이요, 선생님은 사람이란 걸 알게 된 하루였다. 이후 중동 국가에 대한 뜨거운 열정이 생긴 것이 오늘의 사건 때문이 아닐까. 나조차도 차마 깨닫지 못한 그런 하루가 흘러가고 있었다.

엄마야,
왕언니가 나타났다

지금 나는 한창 시리아 곳곳을 누비고 있다. 문득 엄마의 낭창한 목소리가 그리웠다. '마지막으로 전화드렸던 게 언제였더라?' 손가락으로 날짜를 세다보니 그냥 집으로 바로 걸어 반갑다며 요란을 떠는 게 아들다운 면모라는 생각이 퍼뜩 들었다. (따르릉, 따르릉) 수화기 저편에서 무척이나 반겨주시는 목소리가 들린다. 집 떠나 세상을 떠도는 아들인데 이렇게 목소리만으로도 좋아해주신다. 난 참으로 행복한 아들이다. 지구별 아래 제일 행복한 아들임에 분명하다.

　－ 엄마, 저 한 달 후에 이집트 여행 마치고 집으로 갈게요.

그런데 이게 무슨 날벼락이람. 옆에서 전화를 엿듣던 누나가 평소 사막 한번 보는 게 인생의 버킷리스트라며 노래를 부르던 엄마를 부추긴 것이 아닌가.

– 엄마, 석환이 이집트 간다니까 같이 가면 되겠네. 그렇게 노래를 부르시더니 지금이 딱이다.
– 그럴까? 우리 아들 만날 겸 날아가 볼까? 알랑 들롱 같은 내 아들 사막 한가운데서 한번 만나보자. 완전 영화네, 영화. 〈아라비아의 로렌스〉 울 아들이랑 하나 찍어야겠네.

전화 한 통이 엄마를 이집트로 불러들였다. 이러고 보니 여행 좋아하는 것이 그 엄마에 그 아들이었다. 다행히 비행기 표는 누나가 엄마에게 특별 선물하기로 했다. 결국 이집트에서의 조우는 카운트다운에 들어갔다.
시리아를 돌면서 엄마가 중동 여행을 어떻게 소화하실지

걱정과 기대가 모래 태풍처럼 몰려왔다. 당뇨로 고생하시는 엄마인데 달달하고 기름진 중동 음식을 드실 수나 있을런지. 결국 걱정하는 마음에 누룽지를 비롯해 한국 음식을 바리바리 싸서 보내라고 누나에게 신신당부했다.

시리아에서의 시간은 생각보다 빨리 흘렀다. 결국 어느 틈엔가 나의 발은 엄마의 도착보다 하루 일찍 카이로에 닿아 있었다. 하룻밤에 2달러인 게스트하우스에 짐을 풀었다. 다음 날 부랴부랴 공항으로 향했다.

엄마는 직항이 아니라 싱가포르를 경유하는 비행기를 타고 오셨다. 영어라고는 한마디도 못하는 분이 도대체 어떻게 경유에 성공했는지 여전히 미스터리다. 카이로 공항에서 만나자마자 서로 눈시울이 붉어졌다. 동남아 단체 관광도 아니고, 아프리카 대륙 어느 곳에서 마주친 우리 모자. 길에서 자라온 그리움이 그녀에게 가 닿았고 진한 향수병이 지구 반대편에 머물던 그녀를 이곳에 데려다놓은 것은 아닐까.

이집트의 중심에서 떡볶이를 만나다

공항에서 조금 벗어난 곳에 가 택시를 잡았다. 그리고 택시 요금보다 더 저렴한 숙소에 도착했다. 택시 안에서 별다른 말이 없던 엄마가 걱정스러웠다. '택시가 고급이 아니라 뭐라 하실 만도 한데, 숙소는 더 별로여서 어떡하지. 많이 불편해하시려나….' 하지만 걱정은 기우였다. 엄마에게는 그런 것이 아무런 문제가 되지 않았다. 꼭 뭣이 중헌디, 라고 말하실 듯했다. 그냥 내 새끼 얼굴 한번 보는 것만으로 족하다는 듯했다.

숙소에 도착하자마자 시차 적응도 없이 캐리어에서 먹을거리를 주섬주섬 꺼내기 시작한 우리 엄마. 빨간 비닐봉지에 든 떡볶이가 손에 들려 있었다. 밤 12시를 훌쩍 넘긴 시간이었는데 엄마는 눈치도 보지 않고 게스트하우스의 부엌으로 진입해버렸다. 뜨거운 물을 끓이고 숙소에 있는 한국인 여행자들마저 불러 모았다.

모두가 한밤의 떡볶이 파티에 놀랐다. 그걸 가져온 여행자가 나의 어머니란 사실에 또 한 번 놀랐다. 그녀 혼자 국제선을 타고 오늘 카이로에 도착했다는 사실에는 다들 입을 다물지 못했다. 한국 사람은 역시나 한국 음식을 먹어야 힘이 나는가보다. 자리에 모인 모두 이제야 힘이 난다면서 나의 엄마를 자꾸 본인들의 엄마인양 그렇게 살갑게 대한다. 엄마를 빼앗긴 것 같지만 그럴수록 엄마는 더욱 신이 나서 떡볶이를 접시마다 소복이 쌓아올렸다. 우리 엄마, 이러다가 이 게스트하우스에서 눌러앉을 기세다.

한밤의 떡볶이 파티는 생각보다 오랫동안 이어졌다. 먹다 지쳐 엄마랑 난 침실로 돌아왔다. 하지만 숙소가 저렴해서일까. 벼룩 때문에 잠을 이룰 수 없었다. 먼 길 오시느라 고생한 엄마에게 괜스레 미안해 말 한마디 건네지 못했다. '내일은 좀 더 편한 곳으로 옮기리라.'

다음 날 짐을 싸서 한국 음식이 나오는 한인 민박집으로

옮겼다. 하루에 25달러인 곳이었다. 여기라고 마냥 편하지는
않겠지만 배낭여행 기분 제대로 난다며 마냥 즐거워하는 엄
마는 영락없는 여행자였다. 또 한 번 느꼈다. 그 엄마에 그 아
들이구나.

삼시세끼 다 챙겨줄 이집트 공주

피라미드, 나일강, 스핑크스 등등. 지극히 교과서적인 유적지를 둘러보는 중에도 엄마의 활약은 부엌에서 빛이 났다. 카이로에서 남쪽으로 660킬로미터 정도 떨어진 룩소르에 도착해서도 엄마는 부엌부터 찾기 시작했다.

유적지를 볼 생각은 애초부터 없었던 것인지, 아니면 전날 엄마에게 열광하던 수많은 아들딸에게 감동을 받아서인지 한국인 여행자들 밥 챙겨주는 것이 더 기억에 남을 것 같다며 팔을 걷어 부치는 우리 엄마.

숙소에 도착하자마자 엄마는 피곤에 지쳐 있는 나를 달래어 시장으로 나가 냉동 닭 두 마리와 각종 채소를 한가득 사서 돌아왔다. 평소 몸이 아프다고 종종 말씀하시던 우리 엄마가 맞기는 한 걸까. 커다란 닭이 들어갈 냄비를 찾아보는데 그런 요리를 할 일이 없었는지 숙소에는 닭 날갯죽지나 겨우 담글만한 작은 냄비뿐이었다. 하지만 억척스럽고도 고집이 센 그녀는 룩소르에 있는 식당을 다 뒤져서라도 큰 냄비를 찾을 기세였다. 영어도 아랍어도 전혀 되지 않는데 혼자 나가신다기에 얼른 뒤를 따랐다.

애니메이션 〈슈렉〉에 나오는 장화 신은 고양이마냥 애절한 표정과 귀여운 제스처를 이집트 요리사들에게 선보이는

데 기가 막힐 정도였다. 저런 건 도대체 어디서 배운 건지. 내 일생 저런 모습을 본 적이 없었는데. 일흔에 가까운 할머니에게 요리사들은 서로 사진을 찍겠다며 난리법석이었다. 이집트 공주라도 된 것처럼 엄마는 이 상황을 즐기고 있었다.

　－석환아, 내가 여기서 이렇게 인기가
　　많아서 정신이 없구나. 한국에서
　　사인이라도 하나 만들어올 걸 그랬
　　네. 이 맛에 이집트 또 와야겠다.

　결국 엄마의 매력에 푸욱 빠진 한 이집트 식당에서 제법 큰 냄비를 빌려주었다. 하지만 뚜껑은 어디 간 것일까. 손잡이는 또 어디로 사라진 걸까. 그런데 엄마는 닭 한 마리 풍덩 들어갈 냄비면 문제없다며 대령숙수 같은 음식 솜씨를 뽐내기 시작했다.

　룩소르 숙소는 이제 닭백숙 파티를

기다리고 있었다. 지글지글 끓는 냄비의 열기가 무섭지도 않
은지. 무더위를 피해 도망가는 사람은 아무도 없었다. 다들
오늘은 복날이구나, 하는 표정으로 요리가 나오기만을 손꼽
아 기다리고 있었다. 역시나 이곳에서도 다들 이런 말을 한마
디씩 던진다.

　　－ 어머니, 한국 사람은 역시나 한국 음식 먹어야 하나 봐
　　　요. 어머니 덕분에 살 거 같아요. 제 일생에서 만난 여행
　　　자들 중에서 어머니가 최고예요.
　　－ 어머니가 저랑 같이 여행하시면 좋겠어요. 매일 업고 다

닐게요. 너무 감사해요. 진짜 맛있어요.

— 우리 어머니, 최고. 최고예요. 하하하.

그렇다고 해서 우리가 이집트 유적지들을 둘러보지 않은 것은 아니었다. 다만 엄마의 진가는 숙소에서 발휘되고 있었다. 역시나 엄마는 엄마였다. 그래서 내가 이렇게나 든든하게 생각하는 걸까.

카이로를 떠나 서울로 돌아가는 비행기 안에서 엄마에게 몇 가지 물어봤다.

— 엄마, 왜 사막이 그렇게도 좋아? 무섭지 않았어요?

— 끈적거림 없고 모래 밟는 느낌도 좋고….

— 혹시 엄마나 나나 전생에 사막에서 살던 사람이었으려나?

— 그럴 수도 있겠네. 전생에 사막 좀 뛰어다니던 습성이 남아서 여기가 좋은가보다.

— 그런데 엄마. 이집트 올 때 싱가포르에서 어떻게 비행기 갈아탔어? 사람들이 잘 가르쳐주던가?

– 걱정은 무슨. 표 들고 이 사람 저 사람 붙들고 물어보니
어렵지도 않더만. 뭐가 그리 걱정이고. 사람 사는 게 다
그런 거지. 싱가포르라고 뭐 특별하고, 이집트라고 다를
게 있겠나.

대답은 참 간단했다. 우문현답이었을까. 쉽지 않았을 텐
데. 어디서 저런 용기가 나온 걸까. 우리 엄마가 30년만 늦게
태어났더라면 바람의 딸 한비야 씨보다 사막을 더 빨리 건넜
을 텐데.
기회가 되면 다른 사막도 보여주고 싶어졌다. 아니 꼭 사
막이 아니더라도 함께 떠나야겠다고 생각해본다. 생각만으
로도 씨는 뿌려졌고 그 생각이 자라고 자라 행동으로 옮기는
날도 올 것이다. 물론 엄마와의 여행은 훗날 여러 번 이어졌
다. 이 말이 꼭 하고 싶었다.

– 엄마가 가자고 하는 곳 어디든….

옥수수튀김
또 먹고 싶다

중국과 인도의 영향을 고루 받아서 여기가 중국인지, 인도인
지 가끔은 구분이 가지 않는 묘한 지역 인도차이나 반도. 그
곳에 자리하고 있는 일곱 개의 나라. 그중 나를 가장 들뜨게
만든 나라 '미얀마'. 우리네 부모님께는 '버마'로 잘 알려진 곳.
불교의 나라, 공산주의의 나라, 은둔의 나라. 그래서 쉽게 가
까이할 수 없는 바로 그곳. 하지만 최근 대통령이 한국 드라
마를 시청하기 위해 공식 회의까지 연기한다는 소문이 가끔
퍼졌던 나라가 바로 미얀마다.

  지금에서야 미얀마로 갈 수 있는 방법이 어느 정도 다양해
지고 있지만 내가 이곳으로 떠났던 2005년에는 어느 누구도

육로로는 들어갈 수 없다고 못을 박았다. 하지만 'Everything is possible'. 이것이야 말로 나의 인생 모토가 아니던가. 무작정 태국과 미얀마의 국경도시 매사이로 향했다.

그러나 미얀마의 수도 '양곤'까지 정말 육로로 들어간 사람이 없단 말인가. 반신반의할 뿐이다. 그런데 이게 웬걸. 넘어가다가 죽은 사람도 있다고 한다. "오. 마. 이. 갓." 두어 번쯤 특유의 붙임성을 발휘해 이민국 직원을 꼬드겨보는데 역시나 이게 웬걸. 총을 치켜들더니 뭐라고 쏼라쏼라 하는 바람에 깨갱 하며 나올 수밖에 없었다.

'아, 어떡하지. 오늘 들어가지 못하면 시간이랑 돈만 낭비할 텐데. 도무지 방법이 없는 걸까.' 그렇다. 방법이 없었다. 결국 피 같은 내 돈 90달러와 목숨 같은 50여 시간을 허비하고 방콕으로 돌아왔다. 그리곤 온순한 양처럼 비행기를 탔다.

그나마 다행인 것은 며칠 전까지만 해도 미얀마에어가 취항하지 않아 비행기 표가 비쌌다는 것. 미얀마 쪽에서 내게 손짓하는 행운의 여신 덕분인지 왕복 요금이 단돈^(?) 155달러, 즉 5,900바트였다. '앗싸, 가오리.' 그런데 이번에는 또 현금이 없다. 결국 3퍼센트 수수료가 붙는 카드를 사용할 수밖에. 행운의 여신이 나를 부르다가 다른 사람에게 손짓하느라 가버린 모양이다.

비행기는 시원스레 방콕을 날아올라 이를 부득부득 갈게 만드는 서쪽으로 이동하더니 안다만 해를 지난다. 광활한 이라와디 강 삼각주를 지나 양곤에 도착했다. 비행시간은 겨우 1시간 30분인데 기내식까지 제공된다. 음료수 한 잔이면 다행이라 생각했는데….

공항에 도착해 소박하기 이를 데 없는 대합실로 밀려들어갔다. 하루에 겨우 다섯 편 국제선이 운항한다는 전광판이 눈에 들어온다. '헉, 다섯 편이라니. 예상보다 많네. 미얀마가 폐쇄된 국가라 방콕으로만 국제선이 연결될 거라 생각했는데. 이거 생각보다 국제공항인걸.'

수속은 예상 외로 금방 끝났다. 짐도 빨리 나오고, 세관 검사도 너무 소박하게 통과 완료. 제일 먼저 공항 도착하면 하는 일, 환전! 5달러만 하려다 너무 적은 것 같아 20달러를 손에 쥐었다. 1달러에 미얀마 돈 450짯.

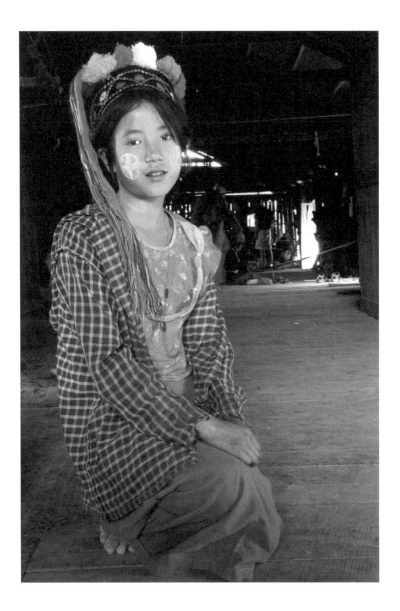

20짯에 양심도 팔아버리다니

이미 공항 바깥은 바가지를 씌워 양곤으로 모시고 가려는 택시기사들로 바글바글하다. 그들은 한결같이 군무를 추듯 까무잡잡한 얼굴을 한 채 가루담배 때문에 빨갛게 변한 이를 드러내며 연신 손을 흔들어댄다. 그러고는 다들 10달러라고 목청껏 소리쳐 부른다. 거리가 수십 킬로미터에 달하니 10달러를 내놓으라는 소리다.

나 역시 미간을 찡그리며 "So Expensive!"라며 목청껏 소리 높여 대답한다. 일단 일행 세 명을 더 모아 택시비를 나누면 2.5달러씩 내고 싸게 갈 수 있을 거 같아 동행을 찾아 두리번거려본다. 그런데 헉. 비행기에 있던 배낭객은 나를 포함해 겨우 일곱 명. 그중 네 명은 이미 내가 교통비 좀 아껴보려고 고민하는 사이에 택시를 타고 사라진지 오래였다. 그래도 다행히 저쪽에서 일본인 여자 두 명이 자박자박 걸어 나온다.

지극히 붙임성 있게 일본어로 "저기요. 실례합니다만"을 격하게 외쳤다. 그리고는 영어로 물었다.

– 저, 혹시 시내로 들어갈 거면 저랑 택시 같이 타지 않을 래요?
– 네? 택시요? 마을버스가 있는데 왜 굳이 택시를 타나요?

이쪽으로 와보세요. 버스가 있는데 뭘…. 덜컹거리기는
해도 주변 풍경 보기에도 좋아요.

버스 요금은 고작 20짯. 도대체 택시기사들은 몇 배나 달
라고 했단 말인가. 공항에서 마을버스를 타고 1킬로미터 정

도 더 가서 큰 버스를 타면 그걸로 끝. 이렇게 쉬운데 뭘 그리 고민했던 것일까.

그런데 마을버스 기사, 20짯이 아니라 100짯을 내라고 떼를 쓴다. 버스도 타기 전에 사람들이 와글와글 모이기 시작했다. 한국에서 이런 상황을 맞이했으면 더없이 부끄러웠을 텐데 미얀마어를 몰라서인지 오히려 당당해졌다. 그 와중에 영어를 할 줄 아는 현지인이 버스기사에게 20짯이 맞는데 왜 거짓말하냐며 우리 편을 들어주자, 이 기사 적반하장도 유분수지 도리어 화를 내기 시작한다. 그래도 어쩌겠나. 진실이 밝혀진 것을.

20짯을 손에 쥐어줬다. 그러자 기사 양반 두 손 두 발 다 들었다면서 이 돈마저 돌려주는 것이 아닌가. '차라리 이럴 거, 그냥 태워주지.'

큰 버스로 갈아타고 40분 정도 더 가니 양곤 시내가 드디어 나타났다. 숙소로 향하다가 보게 된 거대한 불탑인 쉐다곤 파고다는 생각 이상으로 웅장했다. 이 근처가 숙소였으면 하는 바람을 잔뜩 가져보았지만 일본인 여행객들과 함께 도착한 곳은 시내 한복판에 위치한 48미터 높이의 술레 파고다 근처. 이곳에서도 어마어마한 명소를 바라볼 수 있어서 아무 문제가 없었다.

결국 우리는 하루 숙박에 4달러인 화이트 하우스 도미토리를 찾아냈다. 바둑판같이 촘촘한 양곤 시내를 돌고 돌아 겨우 찾아낸 곳. 열대 지방에 필수인 모기장 때문에 바람이 차단돼 덥긴 했지만 독방에 있는 듯한 기분을 내기에 안성맞춤이었다.

아침 식사도 기대 이상으로 훌륭했다. '당신은 세상에서 가장 완벽한 아침식사를 드시고 계십니다'라며 자랑하는 주인의 말도 거짓은 아니었다. 다양한 과일, 시리얼, 계란에 빵까지 제공되고 하루에 4달러라니. 동행한 일본 여행객들의 가이드북에서 찾은 정보였다. 감사한 마음에 헤벌쭉 미소를 지으며 연신 물개박수를 쳐댔다.

통금시간이 있는 나라였던 거야?

숙소도 잡았겠다, 이젠 두려울 게 없었다. 슬슬 시내 구경만 잘하고 오면 끝. 론지라고 하는 전통 치마를 입고 돌아다니는 남자들의 모습이 가장 인상적이었다. 스코틀랜드 전통 의상인 킬트와는 또 다른 분위기였다.

그리고 내 시선은 입안으로 향했다. 길에서 사람들이 대부분 질겅질겅 뭔가를 계속 씹으면서 다니는 것이 아닌가. 쉽게

말하면 씹는 담배라고 할 수 있는 꽁야였다. 빈랑나무 열매, 석회액, 감초, 계피 등을 꽁야 잎사귀에 싸서 일종의 쌈처럼 만들어 씹고 다니는데 꽤나 중독성이 강하다고 한다.

미얀마 아재들이 웃을 때마다 시뻘건 입안을 들여다보는 것이 좀 그랬는데 미얀마에서만 볼 수 있는 특수한 풍경이라고 하니 어쩌겠는가. 문화의 다양성을 넓은 두 가슴으로 받아야 들어야 하는 것을. 혹시나 싶어 호기심에 씹어봤는데 잘라 놓은 비누를 씹는 기분이라 영 좋지 않았다.

길거리에서 옥수수튀김을 5짯에 샀다. 꽁야를 씹는 것보다는 아무래도 먹는 걸 씹는 게 낫지 않겠는가. 별 기대 없이 샀던 튀김. 헉. 감탄사가 절로 튀어나온다. 두리번두리번 구경하느라 산 지 몇 분 후에 한 입 먹었는데 자석에 이끌린 것처럼 뒤돌아 걷기 시작했다.

- 아줌마, 이거 너무 맛있는 거 아니에요. 도대체 이런 음식을 길에서 팔다니 놀랍네요.
- XXXXOOOOYYYYTTTTBBBBAAAA
- 무슨 소리인지는 몰라도 두 봉지만 더 주세요. 진짜 맛있어요. (엄지 척)
― (까르륵, 까르륵)

– 알아들으셨나 봐요. 진짜 맛있어요.

　미얀마는 불교 국가라서 국민의 대부분이 불교 신자일 거라 생각했다. 하지만 이슬람교의 예배당인 모스크도 많고, 수녀들도 길에 숱하게 돌아다녔다. 아랍에서 시작된 이슬람교가 인도네시아에 당도하기 전 미얀마를 거쳤기 때문일까. 가톨릭의 경우 오랜 기간 영국의 식민지였기 때문에 어느 정도 영향을 받은 것이 아닐까 하는 생각을 잠깐 해보았다. 하지만 찰나의 순간만 이를 떠올렸지 난 계속 옥수수튀김 먹느라 정신없었다. 이게 오히려 중독성 강한 미얀마 최고의 음식인 듯했다.

　오늘은 옥수수튀김만이 나를 행복의 나라로 보내주는 듯했다. 숙소로 돌아와 저녁을 먹어야 했건만 옥수수튀김만 떠올랐다. '두 봉지가 아니라 다섯 봉지 사서 저녁까지 먹었어야 하는데. 일본 아가씨들에게 옥수수튀김 자랑 좀 잔뜩 해야겠다.' 아홉 시만 넘어도 거리가 한산한 양곤 시내. 자의반 타의반으로 숙소에 돌아왔지만 나에게 미얀마 양곤은 다른 것보다 이제부터 옥수수튀김이다. '아, 정말 또 먹고 싶다.'

크질오르다_ 카자흐스탄 *Dec. 30th, 2007.*

빵을 잼에 발라 먹나,
잼을 빵에 발라 먹나

– 아, 멀다 멀어. 도시 하나 건너는데 이건 서울−부산 오고
  가는 거리보다 더 멀담.

    러시아만큼이나 거대한 땅을 가진 카자흐스탄. 직접 운전
해서 다니면 편하긴 해도 체력이 필요하고 길에서 무슨 일이
라도 생기면 대략난감. 결국 언제나처럼 해답은 기차.
    중앙아시아 무슬림들의 성지인 투르키스탄. '터키인의 땅'
을 뜻하는 이란어로 동투르키스탄은 중국의 자치구를 구성
하고 서투르키스탄은 카자흐스탄, 키리기스스탄, 타지키스
탄, 우즈베키스탄, 투르크메니스탄, 아프가니스탄 등이 포함

된다. 이는 즉 투르키스탄이 나라가 아니라는 뜻. 투르키스탄을 거쳐 항일 독립운동의 영웅 홍범도 장군의 흔적이 남아 있는 카자흐스탄의 옛 수도 크질오르다로 냉큼 달려가기로 했다.

침대칸 기차를 타고 가는 것이라 그리 힘들 것도 없는 여행이었다. 다만, 혼자 하는 여행이라 인내심과 여유로움은 필수, 마음 편히 푹 자는 건 선택.

기차에 올라타니 10명은 족히 되는 사람들이 침대칸에 꽉 들어차 있었다. '헉, 어떡하지. 설마 이 상태로 목적지까지 가야 하나.' 하지만 잠시 후 승무원이 칸칸이 돌아다니며 고함을 질러댄다. "배웅하는 사람들은 제발 좀 꾸물거리지 말고 얼른 내리세요. 기차 떠나야 하니까." 이 좁은 곳에 10명이 끼어 있었으니 인간 열기로 가득 차 있었다. '아, 숨 막혀.'

바깥은 영하의 날씨다. 반면 기차 안은 여전히 한여름. 내 고민은 관심조차 없다는 듯 기차는 예정 시간에 역을 떠나기

시작했다. 쿵쾅쿵쾅 음악 소리가 들리는가 싶었는데 어느새 난 몰려오는 피로감을 이겨내지 못하고 침대칸에 온몸을 최대한 모아서 잠들어버렸다. 혹시라도 내 짐 훔쳐가지 않기를 두 손 모아 기도하듯.

두 눈을 연신 비벼댔다. 한숨 푹 잤나보다. 실내는 여전히 서리가 낀 듯 텁텁한 공기로 가득하다. 어제 기차가 출발하기 전 사람들이 잔뜩 뿜어놓은 열기가 아직까지 이 방에 가득했단 말인가. 대단하다.

이른 아침 기차는 역에 정차했다. 너무나도 새삼스럽지만 아는 사람은 아무도 없다. 즉 마중 나와주는 사람이 없다. 또 외롭다. 아, 외롭다. 혼자 다녀야 한다. 뚜벅뚜벅. 하지만 저기서 누군가 나를 향해 아낌없이 손을 흔들어준다. 잠이 덜 깬 거 같아서 나 역시 오른팔을 들려고 하는 순간, 결국 깨닫고야 말았다. 택. 시. 기. 사.

그럼 그렇지. 하지만 라힘이라고 자신을 소개하는 이 기사, 인상이 참 좋다. 그런데 얼른 날 태우고 떠날 생각은 하지 않고 잠시 머뭇거리더니 한마디 건넨다.

— 혹시 투르키스탄에 가기 전, 우리 집 좀 잠시 들러도 될

까요?

— (머뭇) 네, 그렇게 하죠.

유네스코가 유적지로 공식 지정해준 곳을 들르는 즐거움도 있지만 현지인 집을 방문하는 재미가 더 크지 않을까. 오히려 설레고 기분 좋았다. 그런데 한편으로 생각해보면 생판 처음 보는 사람을 쫄래쫄래 따라가도 되는 것일까. 내게 무슨 일이 생겨도 누가 알 수 있으랴.

그런데 왜 당시에는 그런 걱정이 하나도 들지 않았는지. 여행을 하다보면 처음 만나는 상대의 눈빛만 봐도 어느 정도 느낌이 오는가보다. 나에게도 그런 방랑자의 직감이 생기기 시작한 것일까.

눈이 조금씩 흩날리기 시작하는 아침 라힘의 집에 들어섰다. 마당에 빨래가 널려 있어 그 빨래를 나도 모르게 걷었다. 마침 부인이 반가운 얼굴을 하며 집 밖으로 나오더니 함박웃음 가득히 나를 반겨주었다. 처음 보는 사람이 빨래를 한가득 안고 있는데 그녀는 별 일 아닌데 뭘 굳이 이런 일을 하느냐는 눈빛을 던지며 나를 집안으로 안내했다.

라힘이 전화를 미리 해뒀나보다. 아침상이 거하게 차려져 있었다. 아침은 우즈베키스탄 스타일이었다. 방바닥에 비닐

이 깔려 있고 그 위에 다양한 음식이 차곡차곡 쌓여 있다. 한
국식으로 이야기하자면 상다리가 부러지도록 차려져 있었
다. 이 나라는 손님 대접할 때 이 정도로 넉넉한 인심을 보여
주는가? 잼을 빵에 발라 먹고, 따뜻한 차로 속을 다스리며 허
겁지겁 '로컬 브랙퍼스트'를 즐겼다.

　라힘은 굳이 택시를 탄 손님일 뿐인 내게 왜 이렇게 거한
대접을 했던 것일까. 자신의 나라를 방문한 나에게 좋은 인상
을 심어주고 싶었던 것일까. 예상치 못한 환대에 난 설렘이
두 배로 커져 있었다. 어딜 가더라도 이 나라는 인심 후한 최
고의 나라로 자리 잡혀 있었다.

라힘은 야사우이 묘를 향해 거침없이 내달렸다. 야사우이는 수학자면서 철학자였다고 알려져 있다. 다방면에서 뛰어난 능력을 보였던 그이기에 지금까지도 많은 사람들이 그를 숭배하고 찾아오는 것이 아닐까.

도심 한복판에 서 있는 야사우이 묘에는 오늘 연말을 맞아 줄이 길게 늘어섰다. 묘 크기가 어마어마해 입구부터 입을 다물지 못했다. 내부는 다른 모스크처럼 화려하진 않았다. 현지인들은 기도하고 있었다. 적막할 정도로 고요하고 경건했다. 기대했던 것만큼 날 기쁘게 하는 요소들이 딱히 보이지 않았다. 라힘 집을 먼저 다녀온 것이 신의 한 수였다는 생각이 든다. 이곳에서의 아쉬움을 충분히 보상받고도 남았으니까.

뒤이어 중앙아시아 무슬림의 아버지인 아르스탄밥의 묘지를 보러 갔다. 온통 흰 눈밭과 흰 하늘, 앞에는 흰 안개까지. 가는 길에 눈밭을 달리는 낙타의 모습을 보았다. '낙타는 뜨거운 사막에만 사는 동물 아니던가?' 고정 관념이 깨지는 순간이었다. 황량한 벌판 가운데 묘지가 덩그러니 하나 있

었던 곳. 무슬림이 아닌 여행자에게 그곳은 그저 평범한 묘지였을 뿐.

　라힘은 있는 듯 없는 듯하더니 나와 이별을 고했다. 그렇게 중앙아시아 어딘가에서 만난 택시기사는 나의 말동무가 되어주었고, 나에게 감동의 아침식사를 제공했으며, 나의 마음을 헤아리듯 딱 필요한 곳들을 안내한 후 사라졌다. 원래 있던 자리로 돌아가려는 듯 자연스레 멀어져갔다. '연락처라도 물어볼 걸 그랬나.'

　연말의 도시에서는 점점 축제 분위기가 났다. 세차게 몰아치는 눈발에도 아랑곳하지 않고 사람들은 광장으로 꾸역꾸역 모였다. 그런데 이 동네는 러시아어를 사용하지 않나보다. 저녁을 먹기 위해 식당을 서성거려보는데 치킨, 소고기 이런 단어를 누구도 못 알아들었다. 말이 통하지 않으니 보디랭귀지가 동원되었다. 저녁 한 끼 먹어보려고 정말 춤을 춘 것 같았다. 척 하면 척 알아들었으면 했는데 괜한 기대였나보다.

다음날 아침 기차를 타고 다시 서쪽으로 달렸다. 기차는 크질오르다를 향해 달려갔다. 달려라, 달려. 크질오르다는 카자흐스탄 말로 붉은 수도라는 뜻을 지니고 있다. 구소련 시절 카자흐스탄의 수도였으며 고려인 가수 빅토르 최가 1962년에 태어난 곳. 하지만 난 홍범도 장군의 흔적을 보기 위해 이

먼 곳까지 오는 것을 망설이지 않았다.

3등칸에는 새해를 맞아 분주함이 가득했다. 50대 남자 두 명이 앞자리에 이미 앉아 있었다. 이들은 카스피 해에 있는 석유회사로 일하러 가는 길이라고 했다. 그곳까지 가려면 무려 53시간 48분을 가야 한다며 서로의 얼굴을 보고 히죽거렸다. 하지만 저들도 가족을 먹여 살리기 위해 어쩔 수 없는 선택을 한 것은 아닐까 하는 생각에 안타까움이 짙게 느껴졌다.

기차는 이름 모를 역에 멈추었다. 승객이 객실 안으로 밀려 들어왔다. 어여쁜 아가씨 세 명이 옆자리에 자리한 것은 이번 기차 여행 최대의 행운이었다. 세 명이 갑자기 서로 얼굴을 보며 키득거리기 시작한다. 그들은 내가 러시아어를 못할 거라고 생각했겠지. 뭔가 대화를 주고받고 싶어졌다. 왜냐고 묻는다면 미녀들에게 뭐라도 한마디 묻고 싶었던 한 남자의 설렘 정도로만 이야기해두련다.

– 아가씨들은 어디까지 가시나요?
– 어머낫 깜짝이야. 우리요? 크질오르다까지 갈 건데요.
   러시아어 잘하시네요.

깜짝 놀란 눈을 하며 깜짝 놀란 표정을 보인 러시아 미녀

3총사.

　　– 저, 이름이 어떻게 되나요?
　　– 굴샷, 굴누라, 굴다나.
　　– 모두 이름에 굴이 들어가네요.
　　– 카자흐스탄 말로 굴은 꽃이에요.

　한국에서는 굴이라 하면 바다의 우유라고 할 만큼 해산물
중의 꽃인데. 지난 밤 이들은 어디서 그렇게도 신나게 놀았을
까. 스타킹 올이 다 풀려 있었다. 왜 굳이 거기까지 눈길이 슬
쩍 갔는지는 나도 모른다. 역시나 미녀 앞에서 한없이 수줍어
드는 한 남자의 순정이란. 얼른 눈길을 들어올렸다.

　　– 그쪽은 크질오르다에 왜 가시나요?
　　– 가면 안 되나요. 꼭 가고 싶은데. 무슨 일이라도 있는 건
　　　아니죠?

　지루하고 볼거리 없는 도시라는 답이 돌아왔다.

　　– 그곳에 가면 한국인 이름으로 된 거리가 있다고 들었어요.

－ 아, 거기 말이네요. 그 지역 사는 사람은 다 그 거리를 알
   아요.

굴샷이 잘 안다며 그곳에 데려가겠다고 한다. '맙소사, 이
게 무슨 일이란 말인가. 미녀가 직접 가이드를 하겠다니. 역
시나 이 동네가 나랑 잘 맞나보다. 야호.' 크질오르다에 도착
해 택시를 탔다. 그녀들은 약속을 어기지 않았다. 홍범도 거
리까지 함께해주었다. 그녀들의 임무는 여기까지인 줄 알았
는데 계속 내 곁을 지켜주었다.

   영화 〈미녀 삼총사〉에서 미녀들이 임무를 마치고 어딘가
비밀 장소로 돌아가듯 가버릴 줄 알았는데 낯선 여행객에게
이렇게나 따뜻한 환대를 선사하다니. 그녀들은 하늘에서 내
려온 천사인가, 우리나라에 널리 알려진 선녀인가. 여기가 천
국이란 말인가. 어질어질해졌다.

   새해 첫날이라 그런지 거리는 한산했다. 개 짖는 소리에
문을 열어본 할머니에게 홍범도 생가를 물었다. 할머니의 친
절함은 라힘이나 미녀 삼총사와 다르지 않았다. 할머니 집의
열린 문틈 너머로 모락모락 피어오르는 연기가 보였다.

   새해 첫날이라 떡국 한 그릇이 간절했다. 결국 홍범도 생

가는 찾지도 못하고 그가 이곳에 살았다는 간판 앞에 묵념만 하고 한국 식당부터 찾았다. 고려인 후손이 운영하는 식당이었다. 하지만 문은 잠겨 있었다. 한국 음식에 대한 갈증이 더 커졌다. 떡국은 먹을 수 없었지만 따뜻한 국수 한 그릇을 대접하는 곳을 겨우 찾아냈다.

추운 날 함께해준 미녀 삼총사 굴 시스터스도 나와 함께 후루룩 국수를 먹으며 새해 첫날을 볼 발그레하게 맞이하고 있었다. 식당 주인은 테이블 너머를 쳐다보며 '저 자식 뭐 하는 녀석이길래 미녀들과 함께 밥을 먹는 거야' 하는 강렬한 눈빛을 나에게 던졌다. 그렇다. 난 용자였다. 이렇게 난 카자흐스탄과 사랑에 빠지고 있었다.

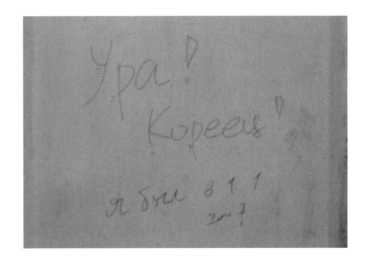

모잉낙_ 우즈베키스탄 Sep. 10th, 2008.

당신,
여기까지 와줘서 고마워요

너무 멀다는 이유로 외면 받은 바다 아랄해. 나도 그곳까지 과연 갈 수 있을까. 자신이 없었다. 그나마 호수에 물이 남았을 때 와봐야겠다 싶어 우즈베키스탄 먼 서쪽인 아랄해로 가는 기차에 몸을 실었다.

그곳까지 가는 길이 너무 아름다워 푸른 하늘에 대고 속삭였다. "어떻게 사람들은 이 아름다운 길을 모른단 말이야?" 이틀을 서쪽으로만 내리 달렸다. 아랄해의 작은 도시 쿤그라드. 여기서 작은 버스를 타고 다시 열심히 내달려야 한다. 버스 안에는 짐 반 사람 반으로 발 디딜 틈이 없다. 갑작스레 밀가루 포대마저 터져 버스 안은 흰 가루가 폴폴 날린다.

이것은 구름인가, 버스 안인가. 다들 그냥 반쯤 포기한 표정으로 각자의 자리를 지키기에 여념이 없다. 이런 아수라장은 관심 없다는 듯 하늘은 점점 더 쨍해지고 건조함은 기관지를 마구 들쑤셔댄다. 마른 바람, 소금 바람, 거친 바람은 쓰리쿠션으로 번갈아 얼굴을 강타한다.

아랄해 어업 전진 기지였던 모이낙에 도착했다. 왕년에 수산업이 번성했을 당시 엄청난 어촌 도시였는데 지금은 꼭 영화 세트장 같다. 화려한 조명과 휘황찬란한 도시의 모습은 오간 데 없다. 제대로 된 건물 하나 없고 거친 도로와 폐차 직전의 자동차만이 굴러다니는 전쟁영화 세트장. 그나마 이런 오해를 깨뜨려준 건 간혹 오가는 사람들의 해맑은 표정뿐이 있다.

걷고 또 걷다가 도착한 곳. 풍요로웠던 아랄해의 풍광을 여실히 드러내고 있다. 물 한 방울 보이지 않는 호수, 배들이 녹슬 만큼 녹슬어 모래톱에 얼굴을 파묻고 죽어 있는 모습까

지…. '한마디로 어선들의 무덤이군.'

전 세계 방송가에서 이곳을 지구 환경의 재앙이라는 주제로 많이도 다루었는데 나는 그 사람들이 사막에 가서 영상을 찍고 아랄해라고 속이는 줄 알았다. 그런데 내 두 눈으로 직접 맞닥뜨려 보니 아찔했다. 그냥 썰물 때가 되었다고 생각하고 싶었다. 엄청나게 떨어져 있는 곳까지 멀어져 간 바닷물이 언제 되돌아올지는 아무도 모른다고 했다. 그때 마침 맨발로 뜨거운 아스팔트를 걸어가던 한 노인을 불렀다.

– 저기요. 도대체 이 메마른 호수에 언제 물이 다시 들이차나요?

그는 무더위에 대답할 가치도 없다는 듯 손사래를 치며 가던 방향으로 걸어갔다. 다른 질문이라도 해야겠다 싶어 걸음을 따라잡았다.

– 어르신, 여행객이라 궁금한 게 많아서 그럽니다. 왜 아랄해가 이토록 심하게 말라버렸는지 너무 궁금해서요.

우즈베키스탄의 면화 산업을 위해 아랄해로 흐르는 강물을 목화밭으로 돌렸다는 그의 한숨 섞인 말에 더 이상 질문할 수가 없었다. 철저하게 세상과 담 쌓은 이곳, 아랄해. 동네를 돌아다녀 보는데 여기 집들은 온통 하얀색으로 칠해져 있다. 꼭 그리스 산토리니 집들 마냥. 다만 차이점이 있다면 산토리니는 지중해에 있어 아름다움을 인정받았지만 아랄해의 집들은 그렇지 않다는 점이다. 소금이 날아와 터덕터덕 붙어버린 것만 같다.

이런 아랄해의 아픔을 비웃기라도 하듯 하늘은 그 어느 나라보다 더 푸르렀다. 그렇지만 저 태양이 이 호수를 말라비틀어지게 했다고 생각하니 원망스럽기도 했다. 걷던 길을 돌아 황량한 시내로 들어섰다. 시내라고 해봐야 정말 길이 겨우 하나 있고 그 길옆으로 집 몇 채가 다닥다닥 붙어 있는 게 전부였다.

별 담요라도 덮고 잘 걸

무섭기까지 한 마음에 당장 떠나고 싶었다. 하지만 물 건너 사막 건너 왔는데 바로 떠날 수 있으랴. 후회할 짓은 하지 말아야지. 낮에 못 본 바다 대신 밤에 별바다라도 보고 가면 아쉬움을 달랠 수 있을 것 같았다.

'그런데 어디서 자야 하나.' 사람들이 한 곳을 가리키며 아직 호텔이 운영 중이라고 알려준다. 반신반의하며 그곳을 찾아갔다. 을씨년스러운 2층 건물. 황당한 표정을 억지로 감추며 문을 열고 들어서는 찰나, 등이 굽은 할머니가 갑자기 나타났다. 순간 귀신이 나온 줄 알았다. 감춰두었던 황당함이 두 배로 터져 나왔다.

어색하게 서 있는 할머니와 나 사이에 서늘한 공기가 흐른다. 에어컨 바람도 없지만 사막성 기후라 실내에 들어오면 시원한 덕분이다. 이곳에 묵겠다고 말도 안 했는데 대뜸 방값은 20달러고 조식은 포함이며 화장실은 복도 끝에 있는데 물이 없으니 1층에서 받아서 쓰라고 일사천리로 말하는 할머니.

  - 아니, 온통 재래식인데 20달러라니요.
  - 여기가 아니면 무너져가는 건물 안에서 별 담요를 덮고
    자야 할 걸.

  할머니는 영악했다. 호텔리어로서 갖추어야 할 서비스는 전혀 기대할 수 없었다. 깡촌 어딘가 위치한 민박집도 아니고 이게 뭐람. 내가 더 이상 갈 곳이 없다는 것을 알고 있는 것일까.
  자포자기하는 심정을 머금고 방으로 이동했다. 침대 위에 배낭을 던져놓으니 이미 해는 떨어지고 있었다. 저녁이나 먹을까 싶어 정말 아무 것도 없는 번화가를 걷는데 식당이 보일 리 만무하지. 다시 할머니를 찾을 수밖에 없었다.

  - 저, 저녁을 도무지 먹을 수 없을 거 같아서 그러는데요.
    어떻게 해야 할까요.

－ ….

　내 말을 듣기는 한 걸까. 아들과 먹으려고 밀가루 반죽을 하다가 내 몫까지 좀 더 넣는다. 이게 웬 떡이냐. 손칼국수가 테이블 위에 오른다. 테이블에 앉으라는 이야기도 딱히 없었 건만 난 당연하다는 듯이 한 자리를 차지했다.

　저녁을 먹고 나도 딱히 할 일이 없었다. 결국 할머니와 이 야기를 나눌 수밖에 없었다. 차 한 잔을 사이에 두고 아랄해 에 대해 대화를 나누기로 했다.

　－ 그래도 이 호텔이 왕년에는 선원들의 휴식처였어. 호텔 　　바로 앞까지 바닷물이 들어오기도 했지. 생선 냄새가 호 　　텔 안에서 떠난 적이 없었어. 그런데 지금은 바다도 고 　　기도 사람도 없단 말이야. 그래도 난 여기서 눈을 감고 　　싶어.

　정말 할 일이 없는 곳이었다. 다음날 아침이 훨씬 지났는 데도 할 게 없었다. 그냥 아무 것도 없는 거리를 무작정 걸을 수밖에. 좀 걷다가 만난 아랄해 박물관에는 모이낙의 혈기 왕 성한 시절의 모습이 흑백 사진으로 남아 있었다. 그런데 이곳을 이제 누가 찾아온단 말인가.

이 박물관이라도 없었더라면 아랄해가 아니라 아랄 사막이라 해도 믿을 것만 같았다. 점심시간이 되었다. 배도 고픈데 도대체 뭘 먹어야 하나. 어서 이곳을 떠나야 할 텐데. 30년 전에 이곳에 왔더라면 비린내 가득한 거리와 캔 공장에서 요란한 철 소리를 들었을 텐데. 지금은 빵집조차 찾을 수 없어보인다. 유령도시가 아니고 무엇이겠는가. 바다는 결국 사막이 되어버렸다.

제발 그냥
지나가게만 해주세요

우즈베키스탄 서쪽으로 가기 전, 투르크메니스탄 비자를 신청해야 했다. 비자 신청 후 15일이 걸린다고 하니 서쪽 끄트머리에 있는 아랄해를 보러 가면 좋을 것 같았다. 숙소에 함께 묵고 있는 일본인 여행자 유키와 같이 여권과 사진을 들고 투르크메니스탄 대사관으로 이동했다.

길목에 자리한 한국 식당에서 매콤한 냄새가 폴폴 난다. 역시나 난 매콤한 향기에 약한 매콤 성애자인가보다.

  ─ 유키, 출출한데 뭐 좀 먹고 가면 안 될까요.
  ─ 좋아요. 매운 음식 저도 좋아해요.

– 북한 다음으로 전 세계와 왕래가 없는 투르크메니스탄
  에 들어가는데 배라도 든든하게 채워야겠어요.
– 저도 처음이라 무척 설레기는 하는데 무사히 비자를 받
  을 수 있겠죠?
– 그러게요. 걱정이긴 하네요.

게스트하우스에 묵고 있던 몇몇 여행자는 비자가 거부되
었다며 꽤나 툴툴거렸다. 3일짜리 경유 비자를 받은 사람도
있었다는데…. 우리는 제일 좋은 조건인 5일짜리 경유 비자
를 받길 간절히 바랐다.

대사관 앞에 다다르니 사람들이 길게 줄을 서 있다. 업무
시간이 겨우 두 시간인데 우리 차례가 오려면 몇 날 며칠은
걸릴 것만 같았다. 예상대로 대사관 문 근처에도 다다르지 못
했는데 대사관 업무가 끝났다고 하는 것이 아닌가. 첫 날은
이렇게나 허무하게 정리되었다.

다음날 한국 식당을 그냥 지나쳐 대사관 앞에 줄을 섰다. 어제보다는 대사관 정문과 가까웠지만 좀처럼 줄이 줄어들지 않았다. 이리저리 새치기하는 사람이 이렇게나 많을 줄이야. 차례를 기다리던 여행자들이 정문을 지키고 있는 경찰에게 돈을 쥐어줘야 철문을 지나칠 수 있다고 훈수를 둔다.

주머니 사정이 넉넉지 않은 배낭여행자는 10달러도 허투루 내줄 수 없다. 그런데 두 시간이 그렇게 빨리 날아갈 줄 몰랐다. 오늘도 철문은 우리에게 열리지 않았다. 그렇게 둘째 날도 마무리가 되었다. 씁쓸한 마음을 매콤한 한국 음식으로 달래고 내일을 기약했다.

마지막 그 아쉬움은 기나긴 시간 속에 묻어둔 채

동이 트기 전, 유키의 방문을 두드렸다. 이제 '투르크 비자'라는 단어는 아침 인사가 됐다. 옷을 주섬주섬 입고 고요한 타슈켄트의 골목길을 가로질러 첫 지하철을 탔다. 이 이른 새벽, 외국인이 지하철을 타고 가는 모습이 이상한지 현지인들이 새벽잠을 이거내며 우리를 유심히 바라보고 있다. 유키를 바라보는 현지 남자들의 느끼한 눈매는 공복인 그녀를 매스껍게 했다.

이틀 동안 성지순례 하듯 들른 한국 식당은 문이 굳게 닫혀 있었다. 유키와 난 비자 신청에 성공하면 이곳에서 축배를 터뜨리자며 연신 하이파이브를 해댔다. 우리처럼 며칠째 대사관에 출근하고 있는 여행자들이 몇몇 보였다. 대기자 명단에 우리 이름을 올렸다. '와우, 겨우 10번째다.' 두 시간 동안 한 사람이 10분씩 시간을 훔쳐간다 해도 오늘 받을 수 있다.

이름을 올렸으니 대사관이 문을 열 동안 무엇을 할까 고민하다가 잠시 시장에 가서 고기만두로 배를 채웠다. 더불어 아침 시장 구경을 하며 시간을 보낸다. 우즈베키스탄 하면 역시 일조량이 좋아서 달디 단 과일이 일품이다. 둘이 먹기에 큰 길쭉한 참외를 잘라서 씨를 발라내고 뚝딱 해치웠다. '일본이나 한국에 이런 참외 있으면 정말 좋겠다'라고 중얼거리며 우적우적 씹어먹었다.

시장 구경을 하면서도 '과연 오늘 타슈켄트를 떠날 수 있을까' 하는 이 질문이 머릿속에서 맴돌았다. 혹시나 적어놓은 이름을 경찰이 지우지 않을까 싶어 서둘러 대사관으로 갔다. 줄은 여느 때처럼 길었고 방문자 목록을 보니 우리 뒤로 30명이 더 있었다. 안정권에 있으니 안도의 한숨과 여유의 미소가 새어나왔다.

드디어 대사관 직원이 출근하고 모두가 그를 애증의 눈길로 바라본다. 심지어 거하게 손을 흔드는 이도 있었다. 오늘도 새치기하는 사람들로 대사관 앞은 아수라장이 됐다.

— 저 사람은 뭔데 줄도 안 서고 들어가는 거요?

경찰은 아무 말이 없었다. 그저 손님이라고만 했다. 그 손님은 들어가서 비자를 신청하고 유유히 대사관을 빠져나갔다.

— 유키, 정말 오늘은 무슨 일이 있어도 비자 신청을 해야해.
— 그럼 우리 5달러씩 경찰한테 줘볼까요?

벌써 대사관 업무 마감 시간이 다가오고 있었다. 마감과 함께 우리 차례가 왔는데 경찰이 외친다.

— 내일 다시 오시오.

여러 감정이 마구 몰려왔다. 나는 경찰의 손을 끌어 악수하는 척하며 10달러를 건넸다. 그가 우리까지 신청을 받겠다

며 철문을 열어줬다. 문을 하나 통과한 것에 이런 희열을 느낄 줄 몰랐다. 신청서를 서둘러 적고 여권을 드밀었다. 아무런 질문도 없고 15일 후 오라는 말뿐이었다. 묵묵히 접수증을 받아들고 대사관을 빠져나왔다. 단지 이것 때문에 3일을 고생했다니 쓴웃음만 나왔다.

비자를 받기 위해 지긋지긋한 대사관으로 향했다. 신청과 달리 저녁에 가서 아주 쉽게 여권을 받을 수 있었다. 유키와 나는 투르크메니스탄 비자를 받았다는 기쁨에 들떴지만, 그것도 잠시였다. 비자를 보니 그녀는 이란으로, 나는 아제르바이잔으로 나가는 경유 비자를 받은 것이다. 함께 아제르바이잔으로 갈 것이라 생각했는데 비자 때문에 헤어져야 했다.

  – 여행 이야기보따리 가득 안고 카프카스 어딘가에서 만
    나자.

그 길로 바로 투르크메니스탄 국경으로 달렸다. 한시가 급했기에 우리는 아픈 이별을 할 수도 없었다. 마지막 그 아쉬움은 기나긴 시간 속에 묻어둔 채.

입국, 출국 또 입국, 출국, 언제 떠나려나

5일 안에 이 나라를 떠나야 해서 입국과 함께 출국을 서둘렀다. 3일 정도는 투르크메니스탄 도시에 머물며 투르크멘바시에 닿았다. 이 나라는 세금이 없어 대중교통 요금이 상당히 저렴했다. 두 시간 날아가는 비행기 요금이 19달러이니 국경이 봉쇄되어도 다시 돌아오면 될 것만 같았다.

사막 한가운데 있는 도시 투르크멘바시는 기름이 많이 나는 곳인지 곳곳에 불길이 치솟고 있었다. 아제르바이잔으로 가는 화물선부터 알아보러 여객선 터미널로 갔다. 부정기 화물선을 타는 일이라 운이 따라줘야 하는데….

러시아의 조지아 침공으로 컨테이너 화물차들이 운행을 멈춘 지 일주일이 됐다고 여객선 터미널에서 노숙 중인 사람들이 말해줬다. 그리고 승선 명단에 오른 사람들 숫자를 보니 몇 번의 화물선을 기다려야 할 판이었다. 내 실수가 아닌 천재지변일 경우 비자 연장이 어떻게 되는지 궁금해서 이민국 직원에게 물었다.

- 비자가 오늘 끝나는데 배가 못 떠나면 어떻게 해야 하나요?
- 물론 연장을 못 하면 문제가 되겠지만 우리가 잘 처리해

줄게요. 걱정 마요.

　　― 어떻게 처리하는 게 잘 처리하는 건지요?

　　― 벌금 500달러 내고 배가 뜨는 날 이 통로를 지나가면 됩
　　　니다.

　　육두문자가 입 밖으로 나오는 걸 억지로 구겨 넣었다. 이
걸 어떻게 하나. 아침도 먹지 않고 서둘러 와서 배도 무진장
고파온다. 주변에 식당은 보이지 않고 어디론가 이동하려 해
도 차가 없으니 갈 수도 없다. 마침 배가 안 뜬다는 소식을 듣
고 나가는 사람이 있어 차를 얻어 탔다. 이 사람들도 비자 문
제로 이 나라를 떠야 하는데 아제르바이잔이 막히면 러시아
로 갈 수 있단다. 내겐 러시아 비자가 없기 때문에 아제르바
이잔으로 가든 다시 비행기를 타고 아쉬가바드로 가든 그곳
에서 출구를 찾아야 한다.

　　먼저 투르크멘바시에서 아쉬가바드로 가는 비행기 표가
있기를 간절히 기도했다. 이 외진 곳에서 비행기 표를 어떻게
사나, 두리번거리는데 어디선가 나타난 택시기사. 이렇게 택
시기사가 반갑다니. 기사가 비행기 표까지 구해준다니 돈을
좀 더 줘도 그에게 의지할 수밖에 없었다. 그는 힘겹게 표를
구했다며 5달러를 더 달라고 넌지시 말했다. 벌금에 비하면 5

달리는 충분히 쥐도 괜찮았다.

표는 손에 쥐었는데 아쉬가바드로 돌아가는 비행기 시간이 저녁 일곱 시다. 골목길도 없고 시장도 없어 보이는 이 도시에서 무엇을 해야 할지 머리가 돌아가지 않았다. 머릿속엔 오로지 이 나라를 빨리 떠나고 싶은 생각뿐이었다.

갑자기 비행기 시간이 변경될지 모른다는 불안한 예감을 안고 공항으로 한달음에 갔다. 한국 시골 버스터미널보다 못한 건물 안에서 하루의 4분의 1을 보내야 했다. 커다란 대통령 사진만 덩그러니 걸린 시골 공항에서 무엇을 해야 하나.

구석진 자리에서 발견한 콘센트 하나로 기분이 좋아진다. 노트북을 연결해 영화 몇 편을 보며 가끔 공항 게시판을 쳐다보지만 출발 시간 변경이나 취소 안내는 없었다. 그렇게 여섯 시간이 시나브로 흐르고 투르크메니스탄 에어 국내선에 몸을 실었다. 다시 사막을 날아 아쉬가바드에 도착했다.

오늘 아쉬가바드에서 떠나는 국제선을 알아보니 터키 이스탄불과 아제르바이잔 바쿠로 가는 항공편이 전부였다. 바쿠 행은 불법체류 벌금보다 비쌌고 밤 두 시에 뜨는 이스탄불행 비행기가 저렴했다. 출발 시간이 비자가 만료된 시점이지만 이민국 통과를 11시 40분에 할 수 있으니 벌금을 내는 일은 없었다. 출국 스탬프를 받는 순간까지 긴박한 영화 한 편

을 찍은 것만 같았다.

　마치 이 나라에서 보낸 시간이 5일이 아닌 10일은 된 듯싶
다. 결국 비행기가 활주로를 뜨는 순간 편히 잠에 들 수 있
었다.

공중목욕탕에서
때 좀 밀어본 남자

내전으로 고통받고 있는 아픔의 나라로 알려진 시리아. 국경
에서 적게는 3~4시간, 길게는 3~4일을 기다려야 입국할 수
있었던 나라다. 지극히 멀게만 느껴지는 곳이지만 이미 두 번
방문하고서 인생 여행지로 손꼽으며 너무 사랑하게 되었다.
현실과 나와의 간극은 멀기만 하지만 이러한 아이러니로 인
해 이곳을 또 오지 않을 수 없었다.

　누군가 내게 이렇게 묻곤 한다.

　– 콴타스틱 님. 정말 많은 나라를 여행하셨는데 어느 나라
　　가 제일 좋았나요?

   - 흠, 고민할 것도 없이 전 시리아를 꼽고 싶네요. 제 인생
     여행지 3군데 중 하나로 꼭 이야기하고 싶어요. 그만큼
     놀라운 곳이랍니다.
   - 거기, 위험하지 않나요?
   - 위험하지 않다고 할 순 없지만 안 위험하다고 할 수도
     없어요. 시리아에 다녀오지 않은 사람은 있어도 한 번만
     가려고 하는 사람은 없거든요.

    만나는 사람들에게 입이 닳도록 자랑하던 나라. 그런 나라
시리아의 서부 도시 하마는 볼거리가 그렇게 많은 곳은 아니
지만 내게는 그냥 헤벌쭉해지도록 마냥 좋은 곳이다.
    내가 이곳을 고향처럼 느끼는 이유는 풍경이 쉽사리 바뀌
지 않기 때문이다. 떠날 때마다 아쉽지만, 돌아오면 익숙한
풍경에 다시 한 번 홀딱 반할 수 있다. 더불어 처음으로 만난
무슬림 친구가 살고 있기 때문이기도 하다.

　나의 친구는 우연히 들렀던 문방구의 주인이었다. 영어를
제법 하는 시리아 친구, 사드. 처음 만났을 때는 총각이었는
데 그 사이 부인을 만났고, 결혼생활의 여유로움을 온몸으로
체득해서인지 후덕한 아재가 되어 있었다. 오랜만에 만난 반
가움에 인사를 한참하고는 물었다.

　– 부인과도 인사하고 싶은데 어디 있는 거야?
　– 쾬, 미안해. 이슬람 율법상 아내는 다른 남자에게 얼굴

을 보이면 안 돼. 이해해줘.

그래도 멀리서 온 친군데… 율법 이야기를 해서 아쉽긴 했지만 그래도 어쩌겠는가. 문화의 다양성은 존중해야 세계를 여행하는 글로벌 여행가라고 할 수 있겠지. 부인을 위한 선물은 그냥 사드의 손에 쥐어주었다.

신부 소개 받는 일은 그만두고 간만에 때 좀 밀려고 공중 목욕탕인 함맘에 갔다. 기원을 거슬러 올라가다 보면 그 뿌리가 로마까지 이어진다는 시설이다. 오랜 여행의 피로를 푸는데 목욕만한 것이 또 있으랴.

한국의 목욕탕과 다른 점이 있다면 남탕, 여탕이 따로 있는 것이 아니라 사용 시간이 정해져 있다는 것이다. 그리고 속옷을 입고 때를 민다는 독특한 방식. 때를 민다고 해서 한국식으로 박박 미는 것을 상상한다면 금물이다. 목욕탕 이야기라고 해서 더 깊이 상상하는 것 역시 금물. 자, 목욕탕 이야기는 여기까지…. (하하)

아이는 나라의 미래인 것을

외국에 와서 공중목욕탕을 이용할 기회가 얼마나 있으려나. 그리고 보면 나는 참 복 받은 사람이다. 남들은 한 번도 경험해보지 못하는 일을 난 여러 번 경험하고서 이제는 익숙해지기까지 했으니 말이다. 여행에서 만나는 우연함이 익숙함이 되어버린 지금.

개운하게 씻고 나와 하마의 야경을 담으러 정처 없이 돌아다닌다. 수차의 도시라고 할 만큼 곳곳에서 맞닥뜨리는 수차가 역시나 내 눈을 피하지 못한다.

시리아를 다녀온 여행자들은 하마가 가장 좋다고 말한다. 그리고 빼놓지 않고 언급하는 곳이 있는데 바로 리아드 호텔이다. 호텔이지만 호스텔도 겸하고 있어 도미토리를 갖추었다. 저렴하고 식사도 맛있다.

호텔 스태프가 팔레스타인인과 이라크인이었는데 지금 내전으로 인해 그들은 어디로 갔을까? 이놈의 전쟁은 언제쯤 사라지려나. 분명 일반 국민들은 종교, 정치, 인종 등에 상

관없이 친절하고 따뜻한데 왜 이런 지옥이 끝없이 이어지는 것인가. 나의 친구들은 과연 지금 생명을 이어가고는 있는 것일까. 가슴 한편에 묵직하게 짐이 놓여 있는 것만 같다.

여행을 마치고 한국에 돌아와 있는데 끔찍한 소식이 연일 뉴스를 장식한다. 시리아 중부 도시 홈스에서 민간인 학살이 벌어지고 있다는 것이다. 내게는 제2의 고향 같은 곳이 아니던가. 이곳에서 심각한 총격전이 벌어진다고 해서 인터넷을 뒤지기 시작했다. 하마 시내는 그야말로 아비규환이었다. 평화롭던 도시, 정 많은 사람들, 아름다운 건물은 보이지 않고 상처뿐인 지옥과 같은 화면만 가득했다.

미국 CNN과 영국 BBC는 연일 톱기사로 다루고 있어 사태의 심각함이 온몸으로 느껴졌다. 국제 사회가 다각도로 노력

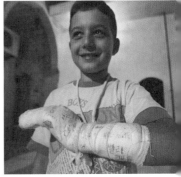

하고는 있지만 중국과 러시아의 시큰둥한 반응 때문인지 시리아 사태의 끝이 보이지 않아 아프고 아프고 또 아프다.

UN 감시단과 기자들까지 죽이는 마당에 그 안에서 어떤 일이 벌어지고 있는지 정확히 알 수 없지만 분명한 것이 하나 있다. 바로 아이들의 미래. 고통과 상처만 보고 자란 아이들이 시리아라는 나라의 미래를 짊어질 수 있을까? 어른들은 미안하지도 않단 말인가. 역사에 어떠한 존재로 기록되려고 이토록 비참하고도 어리석을 짓을 멈추지 않는 것일까.

'내 친구, 사드. 제발 살아다오. 다시 돌아갔을 때 함박웃음으로 나를 맞아주기를…. 미안하다, 친구. 도움이 되지 못해서. 하지만 내 마음은 이미 그곳에 가 닿아 있다는 사실을 잊지 말아주게.'

안나푸르나_ 네팔 Feb. 1st, 2009.

영원히 가슴에 품고
살겠습니다

여행 좀 해봤다는 사람들이 반드시 가고 싶어서 몸을 부르르 떠는 나라, 네팔. 그리고 네팔에 가면 가지 않을 수 없는 그 곳. 지구별에서 가장 높은 산들이 모여 있다는 웅장한 히말라야 산맥, 그리고 안나푸르나다. 이름만 들어도 설레고 가슴이 쿵쾅거린다.

해발 4,000미터를 자랑하는 안나푸르나 베이스캠프^{ABC}까지 걸으면 거대한 자연 앞에서 한없이 작아지는 나 자신을 숱하게 발견하게 된다. 'Never End Peace And Love'라고 부르는 NEPAL^(네팔)이기에 가능한 이야기이다.

트레킹을 하려면 반드시 들르는 곳, 포카라에서 만반의 준

비를 마치고 버스에 몸을 실었다. 이때까지만 해도 정말 실감이 나지 않는다. 그냥 관광버스를 탄 듯 한없이 편하기만 하다.

ABC 트레킹은 비레단티에서 시작된다. 7일 후 다시 이곳으로 돌아와야 하는데 그동안 제발 무사하기를 바라는 기도를 멀리 보이는 마차푸차레 산을 향해 전한다.

- 신이시여. 당신 앞에서 더없이 보잘 것 없는 저이지만 무사히 트레킹을 마칠 수 있도록 자비를 내려주세요. 세상을 더욱 사랑하고 나를 더욱 낮추며 이곳에서의 기억을 영원히 가슴에 품고 살겠습니다.

완만한 산길을 쉬엄쉬엄 걸어 도착한 울레리, 이곳에서 첫날 밤을 보냈다. 이제 슬슬 트레킹을 하는구나 싶어 긴장감이 감돌기 시작한다.

이건 정말 여기 와보지 않은 사람이라면 결코 느낄 수 없
는 드문 경험이자 황홀한 시간이다. 삐걱거리는 나무 침대,
그 위에 의미 없이 놓인 듯한 매트리스, 언제 세탁했는지 당
최 알 수 없는 이불만 구르는 방에서 꿀잠을 잤다. 긴장감만
으로도 충분히 피곤했나보다.

울레리를 지나 푼힐 전망대가 있는 고레파니까지는 이제
막 시작한 참이라 거뜬히 오를 수 있다. 태양이 안나푸르나를
덮기 전 서둘러 새벽에 푼힐 전망대에 올라야 한다. 이건 법
칙이다. 누구도 거스를 수도, 거슬러서도 안 되는 불변의 진

리 같은 그 무엇인가다.

2월이라 살을 파고드는 추위를 견뎌야 하고 더러는 고산병과 싸워야 한다. 하지만 안나푸르나 꼭대기부터 노랗게 물들어가는 풍경은 그 어떤 미사여구로도 표현할 수 없을 만큼 황홀하다. 나를 감싸고 있는 설산들, 어깨에 힘 잔뜩 주고 능선을 간질이는 햇빛을 살짝 팅기고 있을 뿐인데 감동은 도대체가 멈추질 않는다. 역시나 자연은 자연인가 보다. 위대한 자연 앞에서 인간은 얼마나 하찮은 존재인지. 그런데도 그렇게나 욕심을 부리고 남을 시기질투하고 인생을 한탄하기만 한다. '어리석은 우리네 인간들아.'

오르락내리락, 바쁘다 바빠!

푼힐의 풍경을 자양강장제 삼아 ABC로 다가간다. 푼힐부터 한동안 길은 내리막이다. 아직 정상에 닿지 않았기에 다시 오를 거라는 걸 알며 꾸역꾸역 내려간다. 우리의 인생도 내리막이 있으면 오르막이 있다는 걸 길이 알려주는 셈이다. 오르락내리락을 반복하다 ABC 트레킹에서 가장 힘든 구간인 촘롱 구간을 만났다.

촘롱 계단은 여행자들 사이에서도 악명이 높다. 바로 앞

에 촘롱 마을이 보이는데 그곳에 닿으려면 깎아지른 계단 길을 내려갔다가 다시 경사진 길을 올라야 한다. 다리 하나 놓여 있다면 시간도 힘도 아낄 수 있을 텐데 미약한 인간은 그저 자연의 순리에 따르는 수밖에 없다.

촘롱 구간을 벗어나면 이제부터 ABC까지 계속 오르막길이다. 고산병과의 싸움은 시작되었다. 중간 중간 산장인 롯지가 많아서 쉬엄쉬엄 갈 수 있다. 만약 고산병이 찾아온다면 무조건 이곳에서 휴식을 취하든가 하산해야 한다. 도시에서 바쁘게 살아왔던 우리이기에 네팔에서는 많은 것을 내려놓고 풍경을 즐기며 천천히 걷는 일만 남았다.

점점 마차푸차레 산의 자태가 선명해지면서 ABC가 멀지 않았음을 알려준다.

- 마차푸차레까지 어떻게 갈 수 있나요?
- 그곳은 네팔 사람들이 워낙에 신성시하는 산이라 인간의 정복을 허락하지 않습니다. 그저 풍경을 볼 수 있다는 것에 감사하며 걸어야 해요.

이 한마디에 마차푸차레 산에 대한 경외심이 더욱 커져 더이상 누구에게도 물어볼 수 없었다. 자연이 그렇다고 하면 그런 것이니까. 감히 내가 더 알고자 했다가 그 산이 불쾌해할 수도 있으니까.

　마차푸차레 베이스캠프^{MBC}까지 왔다면 이제 ABC까지는 한걸음에 오를 수 있다고 생각하겠지만 이 구간에서 많은 사람들이 고산병으로 고생한다. ABC를 밟기 위해 며칠 동안 흘린 땀방울이 헛수고가 되지 않기 위해선 천천히 오르는 것만이 답이다.

　초보 여행자들은 거친 숨을 몰아쉬면서 오르는데 이미 ABC에 오른 포터와 가이드들은 이곳에서 배구 시합이 한창이다. 예상치 못한 배구 코트에 많이 당황했다. 하지만 여유를 갖고 한숨 쉬고 간다고 생각해본다면 이런 스포츠도 무리는 아닐 거라는 생각이 언뜻 스치고 지나간다. 하지만 이미 지칠 대로 지쳐 있어 구석 어딘가 몸을 던지듯 자리에 앉아 그저 멍하니 바라볼 뿐. 고산에 적응한 그들에게 4,000미터는 그저 숫자에 불과한가보다.

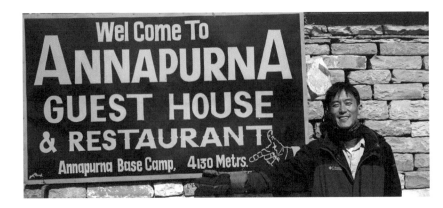

1분 1초 만에 너와 나는 친구

풍요의 여신 안나푸르나가 넉넉한 가슴으로 포근하게 감싸는 그곳에 ABC가 자리한다. 해넘이와 해맞이를 보고 이곳을 떠나야 한다는 마음에 1분 1초가 아깝다. 며칠 동안 앞서거니 뒤서거니 하며 오른 모든 사람들이 친구가 되는 시간이 ABC에서 펼쳐진다.

국적과 나이를 불문하고 모두가 무사히 오른 것을 축하해주는 따스한 시간이다. 노랗게 물드는 안나푸르나와 기념사진을 찍느라 배고픔도 잊은 채 다들 바쁘다. 이곳은 4,000미터 높이의 고산지대라 낮은 언덕을 오르려 해도 숨이 턱 밑까지 차오른다. 이곳에서 가수의 공연이라도 있다면 스피커가 없어도 돌비 서라운드 입체 음향이 나올 정도로 산이 공간을 둘러싸고 있다. 황홀한 풍경에 나는 감탄만 연신 내뱉는다.

아침 해맞이를 끝내고 아쉬운 하산을 준비한다. '다시 올 수는 있겠지. 하지만 다시 오기 힘들겠지.' 가뜩이나 무겁던 발걸음이 떠난다는 생각에 더욱 무겁게 느껴진다. 안나푸르나의 여신은 여행자의 마음을 읽어내고 있는지 하산 길 내내 뒤에서 빤히 지켜보고 있었다. 무사히 내려가라는 염원을 담은 채.

입산 통제소에 하산 신고를 끝으로 ABC 트레킹은 끝이 났
다. 6일 만에 ABC에 닿은 것에 비해 하산은 하루 만에 끝. 역
시나 오르는 것은 어렵고 내려가는 것은 빠르기만 한 산행이
라 우리의 인생을 쏙 빼닮았다는 생각을 지울 수 없었다.

1등석이 아니라
10등석

저녁 일곱 시, 노을이 어렴풋이 흘러드는 이 시간. 미어터질 것만 같은 기차 한 구석에 앉아 멍하니 창밖만 바라보고 있다. 지금 나는 인도 북부 도시 고락푸르에서 바라나시를 향해 쉼 없이 달리고 있다.

　이 기차는 안나푸르나 트레킹에서 만나 인도 여행까지 함께하고 있는 종찬이 덕분에 타게 되었다. 마침 고락푸르를 잘 안다고 해서 주저할 것 없이 종찬이 뒤만 졸졸 쫓아가기로 마음먹었다.

　기차를 타기 전 역에서 재미있는 일이 있었다. 우리는 바라나시로 떠나는 기차표를 사려고 했는데 직원이 표가 없다며 손사래를 쳤다. 표가 없다고 하니 뭘 어찌할 도리가 없었다. 나였으면 그냥 별 수 없나 보다 하며 포기했으리라. 그런데 우리 다음으로 도착한 유럽 사람들이 같은 표를 받아가는 것이 아닌가.

  − 저기요, 앞에 저 사람들은 기차표 주고 우리는 왜 안 주나요. 지금 차별해요, 뭐예요.
  − (능청스럽게도) 갑자기 표가 생겼네요. 그럼 표 주면 되잖아요.
  − ⋯.

실컷 따져서 기차표를 받아내기는 했지만 인도인들의 느긋함과 뻔뻔함에 두 손 두 발 다 들어야 했다. 기분 내키는 대로 이랬다 저랬다 마음에 들진 않았지만 그래도 기차표를 구할 수 있어서 쾌재를 불렀다. 더불어 종찬이가 위대해 보이기

까지 했다. '녀석만 꼭 따라다니면 인도에서 자다가도 콩고물이 떨어지겠군.'

역 분위기는 1980~1990년대 우리나라 명절 전야 같다. 수많은 인파들이 바닥에 앉아 기차표를 사려고 기다린다. 고락푸르에서 바라나시 구간은 이동하기가 힘들기로 유명하다. 저들은 기차표를 구하지 못해 저리도 오랜 시간 기다리고 있는데 나와 종찬이는 기차에 올라탈 수 있어서 너무나 다행이었다. 물론 그들이 애간장을 태우고 있는지 그냥 그러려니 하는 느긋함으로 계속 무료하게 시간을 보내고 있는 것인지는 물어보지 않아서 당최 알 수 없었지만….

좌석표를 구입해도 자기 자리에 못 앉는다는 말을 이미 들었는데 기차를 타보니 100퍼센트 실감할 수 있었다. 현지인들이 표와는 상관없이 퍼스트 클래스에 앉아 제 자리인양 행세한다. '이게 웬 날벼락이람.' 복도는 배낭을 멘 여행객과 트렁크를 든 현지인이 엉키면서 한 발짝도 꿈적할 수가 없다. 아수라장 그 자체였다.

인파를 헤쳐 겨우 내 자리를 찾아갔다. 역시나 인도 사람들이 앉아 있는 걸 표를 보여주며 나와 달라고 말했다. 노력 끝에 쟁취해낸 내 자리건만 썩 마음에 들지 않는다. '인도의 많은 기차를 타 봤지만 이걸 도대체 퍼스트 클래스라고 해야

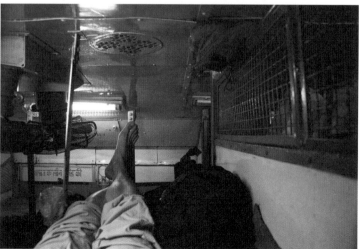

하나. 10등석 정도 될 것만 같은데.' 1등석이라고 해서 비행기 수준을 떠올린 건 아니었지만 그래도 어느 정도는 내 상상에 맞춰줘야지 이건 도무지 답이 없다.

기대를 했기 때문에 실망도 컸던 법. 여행을 하면서 기대치를 많이 높이지 않는 편인데 욕심이 화를 불렀던 것이다. 침침한 조명, 딱딱한 의자, 낡은 선풍기, 남루한 1등석 승객들. 딱 이렇게 표현할 수 있었다. 하지만 실망은 잠시. 후회가 밀려왔다.

'언제부터 내가 그리 편하게 여행을 했단 말인가. 그렇게 여행할 거였으면 패키지 상품으로 왔겠지.' 좁은 복도를 지나 파렴치한 인도인들을 다 내쫓은 나의 히어로 종찬이. '종찬이가 없었으면 이 기차에 탈 수 있었을까? 자리를 찾아 앉을 수는 있었을까? 나 완전 처음 여행하는 사람 같네.'

겨우 자리를 되찾고는 자려고 누웠는데 침대 겉면이 아주 거칠다. 손으로 쓰윽 훔쳐 봤는데 "으악!!!!" 먼지가 5센티미터는 쌓여 있는 것만 같았다. 물수건으로 닦아도 닦아도 계속 나오는 황토색 먼지. 여기에 우리가 이 기차에 탑승한 것을 반겨주려는 이유였을까. 사방으로 뚫려 있는 구멍으로 침투해 들어오는 무서운 모기들. 불편한 자리에서 어찌어찌 밤을 새우다 보니 다크서클은 턱 밑까지 내려와 있었다. 이건 뭐 판다와 다름이 없다.

이봐요, 경찰서에 갑시다

다음날 아침 바라나시에 도착했다. 역을 빠져나온 나는 골목을 지나 강가로 향한다. 강의 주변 지역을 뜻하는 우리 말 강가는 힌디어로도 '강가'라고 발음한다. 이거 완전 히트다, 히트.

이쪽에서는 한 남성이 어린아이 포대기만큼이나 큰 팬티를 빨고 있었다. 강가에는 빨래를 하러 나온 이가 많다. 그렇다고 빨래만 하는 것이 아니다. 한쪽에서는 거울 하나 세워놓고 이발을 하고, 그 옆에서는 세월아 네월아 하며 낮잠을 자는 현지인들의 풍경이 전혀 낯설지 않다. 이런 풍경을 사진으로 남기는 외국인의 모습도 눈에 쉽게 띈다. 결혼식을 올리는 신랑 신부의 모습도 강가에서 많이 포착된다. 인도의 강가는

모든 이에게 만족을 선사하는 성스러운 곳이다.

강가를 걸으면서 가장 많이 듣는 말은 '보트'다. 보트를 빌려 타고 갠지스 강을 한 바퀴 돌라는 말이다. 보트라는 말에 대답하기 귀찮아 이어폰을 꽂고 걸어가면 이어폰을 확 잡아 빼고 또 외친다. "보. 우. 트~!"

거절하느라 걷는 속도를 높이는데 옆으로 화장터가 보였다. 한 사내가 몸뚱이만한 나무를 어깨에 지고 걷는 모습이 눈에 들어왔다. 걸음이 뒤뚱뒤뚱. 곧 쓰러질 것만 같다. 그 모습을 렌즈에 고스란히 담았더니 누군가 어슬렁거리며 다가와서는 다짜고짜 외친다.

- 경찰서에 갑시다. 여기 화장터를 찍으면 안 되는 것 알
　　　아요, 몰라요?
　　- ….

　　사진을 찍으면 안 된다는 사전 정보는 갖고 있었지만 이렇
게 갑자기 기다렸다는 듯이 누군가 다가올 거라고는 생각도
못했다. 네팔에서는 화장터 촬영이 가능한데 같은 문화권인
인도에서는 왜 안 되는 것일까. 이를 노리고 여행자에게 돈을
뜯기 위한 꼼수는 아니었을까.
　　그런데 이 사람, 갑자기 사진 촬영한 것을 무마해줄 테니
따라오라고 한다. 알 수 없는 곳으로 긴장하며 따라가면서 그
에게 물었다.

　　- 저, 어디로 가는 건가요. 이게 그렇게 잘못한 일인가요.

　　화장을 해야 하는데 땔감이 없어 죽음을 미루고 있는 사람
들이 있는 곳으로 가는 길이란다. 참으로 종교적이고도 철학
적인 답변이 돌아왔다.

　　- 거기를 내가 왜 가야 하죠?

— 그들을 위해 땔감 살 돈 좀 기부해주세요. 그럼 아까 사진 찍었던 거 눈감아 주리다.

기부야 하고 싶을 때 해야지, 이렇게 강제적인 기부는 별로 하고 싶지 않았다. 다시금 생각해보니 화장터를 찍은 것도 아니었다. 방금 전만 해도 당황해서 따라오기는 했지만 오기가 생기고 용기가 솟아올랐다. 그냥 가겠다는 나를 향해 그가 뒤통수에 한껏 퍼붓는다.

— 한국인은 개고기를 먹는 사람! 거짓말 많이 하는 사람.

이게 무슨 말인가. 화가 치밀어 올라 소리를 질렀다.

— 인도 사람들 절대 못 믿어! 세상에서 사람 제일 잘 속이는 사람.

누군가는 자신을 불태우면서 도시를 밝힌다

화장터 앞을 벗어나 계속 걸었다. 바라나시를 걸으면 절대 피할 수 없는 몇 가지가 있다. 대표적인 것이 소와 소똥이다.

붐비기는 하지만 나름 상쾌한 강가를 벗어나 골목으로 들어서면 악취가 코를 찌른다. 골목을 거닐다보면 어지간한 자동차보다 큰 소들이 어슬렁거린다.

그 주변을 걸을 때 조심하지 않으면 소들이 철썩이며 흔드는 꼬리에 채찍을 맞기 딱 좋다. 게다가 소똥은 얼마나 많은지. 여행객에게 소똥은 폴짝폴짝 피해가야 할 지뢰이지만 현지인에게는 귀한 자원이다. 이곳에서는 소똥을 손으로 개고 반죽해 말리는 여인의 풍경을 심심치 않게 볼 수 있다. 이렇

게 말린 소똥은 불 피우는 연료로 사용한다.

걷다보니 어느덧 해가 뉘엿뉘엿 진다. 저녁도 못 먹고 어느 사원의 촛불 점등식을 보기 위해 열심히 뛰어간다. 사원에 들어가는 입구부터 시작해 고른 간격으로 촛불이 죽 위치해 있다. 그런데 어찌 촛불도 이리 가난해 보일까.

어두운 바라나시의 밤을 밝히는 촛불을 보자니 저녁을 못 먹어도 배가 부르다. 바라나시에서 숨은 아름다움을 찾은 기분이다. 부지런히 다니는 여행자를 위한 선물을 만난 기분이기도 하다.

그런데 갑자기 정전이 됐다. 온 도시가 어둠에 잠긴다. 고개를 두리번거리는데 저 멀리 큰 빛이 눈에 들어온다. 화장터의 불길이다. 정전 속에서도 누군가는 몸을 불태우며 도시를 비추고 있다. 일상을 사는 사람들과 세상을 떠나는 이들이 한데 어우러진 이곳 바라나시. 삶과 죽음이 너무도 가까운 곳에서 공존하고 있다. 우리가 마주하고 싶지 않은 죽음을 바라나시에서는 먼발치에서 보게 된다. 어쩌면 삶과 죽음의 겹이 이렇게 얇은 것인지.

영혼을 헤아리는
별바다를 찾아서

세상에서 하늘이 가장 아름다운 나라는 어디일까? 호주, 캐나다, 러시아 등 대자연이 광활하게 펼쳐져 있는 나라들을 꼽을 수 있다. 충분히 공감 가능하다. 고개마저 연신 끄덕일 수 있다. 산호초 탐험, 글램핑, 야생지대 체험이 가능한 나라들이라 영혼까지 맑아지는 놀라운 경험이 끊이질 않는다.

하지만 난 그 중에서도 몽골을 향해 엄지 척을 올리고 싶다. 몽골 서쪽에 자리한 호수 홉스굴을 방문해보지 않았다면 말을 하지 마시길. 몽골의 바다이자 내륙의 바다라고 불리는 커다란 호수. 부산 시내가 통째로 빠져도 문제없을 만큼 넓고도 넓다.

흡스굴에 도착하기까지는 쉬운 여정이 아니었다. 수도 울란바토르에 도착한 후 다시 비행기를 타고 차를 갈아타야 한다. 몽골은 한국인과 유전적으로 비슷한 점이 많다고 알려져 있다. 얼굴 또한 중국 또는 일본인보다 유사하다고 한다. 그래서인지 울란바토르에는 한국 정취가 많이 묻어난다. 이곳에는 놀랍게도 서울 거리가 있다. 한국 식당과 카페도 즐비하다. 슈퍼마켓에도 한국 제품이 가득하여 쉽사리 착각에 빠지기 쉽다. '여기가 몽골이야 한국이야' 해도 무리가 없을 정도.

산 넘고, 물 건너, 바다 건너서

이번 여행에는 옛날 옛적 지금은 사라졌다고 알려진 싸이월드 1촌으로 오랫동안 알고 지냈던 40대 여인 마담몽과 20대 뭥미군이 함께했다. 마담몽의 미모는 나이와 상관없이 몽골 전역을 들썩이게 했다. 김태희, 전지현, 손예진에 버금가

는 미모로 몽골 한류에 그녀가 서 있다는 착각이 들 정도. 몽골 남자들은 그녀를 연신 에스코트하려고 난리였다. '나만 그 가치를 모르고 있단 말인가. 너무 오랫동안 그녀를 알았던 걸까. 이토록 몽골을 뒤흔들 줄이야.' 핑미군과 나만 여행 기간 내내 무감각하게 이러한 상황을 지켜보았다.

인천공항을 이륙해 3~4시간 후 도착한 울란바토르, 이어 국내선으로 갈아타고서 두 시간을 더 날아 도착한 무릉 공항. 공항 주변은 온통 초원이요, 활주로만 흙이 덮여 있는 검정색 아스팔트였다. 공항이라고는 해도 청사에 바로 연결되는 구조는 아니었다. 결국 비행기에서 내리니 그냥 활주로에 덩그러니 서 있어야 했다. '이게 뭐지. 비행기에 치이는 사고가 발생하는 건 아니겠지. 당최 시골 신작로에 서 있는 이 기분은 뭘까.'

커다란 비행기에는 압도되었는데 공항은 아담했다. 뒤에 펼쳐진 몽골스러운 산과 들판에 시선이 꽂히려는데 몽골 전통 비단 의상을 입고 지나가는 할머니가 보인다. 활주로와 주변이 크게 구분되지도 않는다. 또 한 번 느꼈다. '여기는 시골인가.'

지나가는 할머니, 순박하기 그지없던 비행기 승무원과 사진을 찍느라 여념이 없었는데 다른 승객들은 이미 활주로를

벗어나 공항 청사를 향해 걸어가는 것이 아
닌가. 프랑스에서 온 다큐멘터리 작가와 촬
영 감독이 있었는데 그들은 여전히 활주로에
떡하니 버티고 서 있었다.

　― 이곳에서 뭘 찍으려고 온 건가요?
　― 아, 여기서는 아니고요. 비행기를 다시
　　타고 홉트에 가야 해요. 그곳에 우리의
　　피사체가 있지요. 당신들은 혹시, 홉스굴
　　을 보러 온 거죠?
　― 네, 맞아요. 어떻게 알았나요? 정말이지
　　기대되는 엄청난 호수죠.

　비행기에서 내리고서 30여 분이 흘렀다. 승
객 수가 줄기는 했어도 여전히 일부 사람들은
활주로에 옹기종기 서 있다. 인천이나 김포 공
항에서는 상상도 할 수 없는 상황이었다. 활주
로에 그냥 서 있다니. 이게 말이 되는 것인가.
　그때 갑작스레 안내 방송도 아니고 쌩 목
소리로 들리는 승무원의 외침.

– 홉트까지 가시는 승객께서는 다시 탑승해주
세요. 다시 한 번 말씀드립니다. 홉트까지 가
시는 승객 여러분께서는 속히 비행기에 탑승
해주시기 바랍니다.

이곳은 환승지였던 것이다. 부랴부랴 공항을
나가려고 청사로 이동했다. 하지만 헉, 또 이게 뭔
지. 문이 닫혀 있었다. 시외버스 터미널도 아니고
공항 문이 닫혀버리다니. 나, 마담몽, 뭉미군 어설
픈 여행자 셋은 공항 직원을 찾느라 분주해졌다.
피식, 웃음밖에 나지 않는다. 들어선 청사에는 주
인을 잃고 빙글빙글 뫼비우스의 띠를 돌고 있는
듯한 짐 세 개가 우리를 기다리고 있었다.

무릉 공항에서 하트갈이라는 작은 마을을 지
나 토일로그트 캠핑장까지 가는 길은 끝도 없이
이어진 초원이었다. 이렇게 맑고 시원한 초원을
보고 사니 몽골인의 시력이 그렇게 좋은가 보다.
시력이 4.0이라는 말을 들은 적이 있는데 매의 눈
도 아니고 어떻게 그런 시력이 나올 수 있단 말인
가 싶었다. 하늘과 땅, 그리고 지평선을 지그시

바라보니 충분히 가능할 거라고 다시 한 번 생각이 든다.

훕스굴에 도착한 나는 토일로그트 캠핑장에 짐을 풀었다. 넓디 넓은 훕스굴은 정면에서, 또 다른 호수는 뒤편에서 마주하는 영광을 누릴 수 있는 아름다운 장소였다. 한눈에 담기에 버거울 정도로 환상적인 곳이었던 것이다. 이미 여러 번 방문한 적이 있는 뭥미군에게 물었다.

- 서너 번이나 왔다면서 뭐가 그렇게 좋아서 또 온다는 거야.
- 몽골이라면 어디든 다 좋아요. 그런데 훕스굴에 우연히 들렀다가 마법에 걸린 것처럼 그냥 주저앉아버렸어요. 왠지 내가 살아야 하는 곳이 아닌가 하는 착각이 들 정도였죠.
- 우리도 여기 좀 둘러보면 그런 신비로운 경험을 하게 될까. 궁금해지네.

이곳 캠핑장에는 두 종류의 취침 공간이 있었다. 하나는 흔히 유목민의 집이라고 할 수 있는 게르. 그리고 또 하나는 인디언의 집으로 알려진 오로츠. 하지만 이곳에 올 일이 있다면 게르보다는 오로츠에서 묵기를… 침대에 누워 훕스굴 호

수와 직접 얘기를 나눌 수 있을 만큼 가깝기 때문이다. 해가 떨어지면 8월에도 날씨가 여간 쌀쌀한 게 아니어서 호수가 근처에 있는 것이 금상첨화가 아니겠는가.

어쩌다 보니 8월 말에서 9월 초까지 홉스굴 근처에 머물렀다. 홉스굴을 포근하게 감싸고 있는 산 정상에는 만년설이 쌓여 있었고 오리털 재킷을 입고 지내야만 견딜 수 있을 만큼 추웠다. 8월이라고 해서 우리나라 여름과 똑같이 생각하면 안 된다. 혹시나 추위 잘 견딘다고 큰소리치는 사람이 있다면 이곳으로 한번 데려오고 싶다. 추운 게 그냥 추운 것이 아니기 때문이다. 그냥 순간 얼어버리는 느낌이 확 다가오니까.

고마워요, 나와 함께해줘서

게르뿐 아니라 오로츠에도 내부 화장

실은 없다. 고로 공동 화장실과 세면실을 이용해야 한다. 그런데 다행이랄까, 날씨가 쌀쌀하기도 하고 홉스굴의 청명한 물을 보면 샤워하고 싶은 생각이 싹 사라진다. 뭔가 저곳에서 세수나 샤워를 하면 영생을 얻을 것만 같은 착각이 들면서도, 한편으로는 저 물을 몸에 끼얹는 것 자체가 큰 실수인 것만 같은 이중적 잣대 속에서 난 고민해야 했다.

결국 이런저런 핑계 속에서 일주일이나 샤워를 미뤘다. 아침에 일어나 홉스굴 호수에 나가 비누 없이 얼굴에 물을 끼얹고 샤워장에서 양치를 하는 게 전부였다. 이곳에서는 몇 날 며칠을 지내더라도 티셔츠가 더러워지질 않는다. 그만큼 공기도 물도 완벽할 만큼 깨끗하다. 뭐랄까. 이 세상의 공간이 아니라는 생각이 들 정도로 맑고 투명한 곳이었다. 온갖 형용사나 부사를 이용해도 다 설명할 수 없을 만큼 아름다운 곳, 홉스굴.

이 세상의 공간이 아니라는 착각이 들어도 결국 이 세상의 공간이기에 밤은 어김없이 찾아왔다. 그래서 숙소는 어서 오라고 나에게 연신 손짓했다. 한 곳에 모인 초면의 여행자들 사이로 몽골 보드카 잔이 넘나들었다. 다소 과음한 여행객들 때문에 경비원이 갑자기 이곳으로 들어왔다.

하지만 그 역시 몽골 남자 아니랄까봐 살짝 취한 마담몽을

보고는 한 자리 차지하고 앉아 그녀만을 뚫어지게 바라보았
다. 취기가 목소리를 타고 폐쇄된 공간에서 쉼 없이 부유하고
있었다. 잦아들 듯 그러지 못하는 것은 아무래도 새로운 목소
리가 하나 더해졌기 때문일까.

급기야 숙소 주인이 쳐들어왔다. 경비원은 깜짝 놀라 자리
를 떴고 고함을 질러대는 주인 때문에 모두들 정신이 바짝 들
고서 각자의 방으로 삽시간에 흩어졌다. 그렇게 별밤은 취기
에 더 빠른 속도로 하늘을 돌았다.

홉스굴은 역시 호숫가에 앉아 하늘을 올라다볼 때 가장 아

름답다.

- 지구별이 돌고 있다는 걸 몽골에 와서야 알았어. 내가 도는 거야, 별이 도는 거야?
- 마담몽과 뭥미군, 고마워. 이곳까지 함께해줘서. 인생 여행지로 꼽을 만큼 아름다운 세상을 보게 되는구나.
- 호호호. 몽골 남자들에게 인기녀가 되어 기분이 묘하네요. 그래도 무엇보다 이렇게 아름다운 곳에 콴과 뭥미군과 함께 있으니 천국이 따로 없어요. 난 그냥 기분 좋아요. 살랑살랑 하늘로 날아오를 것만 같아요.

'별바다라는 게 바로 이런 것이구나' 하는 생각이 절로 들었다. 취기는 숨소리를 말아 쥐고서 하늘로 올라가고 있었다. 잠들어야 하는데, 잠들어야 하는데. 매순간을 놓치고 싶지 않았다. 그만큼 다시 오고 싶게 만드는 매력이 이곳에서는 폴폴 넘치고 있었다. 마담몽은 몽골 남자에게 인기가 많았지만 홉스굴은 한국 남자에게 인기가 많았다.

주로비치_ 벨라루스 Nov. 8th, 2010.

가끔 여행이
수행이 될 때도 있지

벨라루스의 수도 민스크를 떠나 200킬로미터 정도를 한밤에 달려온 기차 그리고 이어진 미니버스는 더 어두워진 마을에 여행자를 토해냈다. 아무것도 보이지 않는 마을에서 뭘 해야 할지, 어디로 걸어야 할지 당최 마음을 정할 수가 없었다.

어둠 속에서 들리는 인기척을 향해 수도원 기숙사가 어딘지 더듬더듬 물었다.

– 300미터 정도 직진하면 벽돌 건물이 있다오. 거기요.

민가에도 불이 꺼져 있어 300미터를 도무지 가늠할 수가 없었다. 두리번거릴 뿐. 갑자기 번쩍 들어온 가로등 불빛. 그런데 잠시 후 다시 꺼졌다. 가로등 인심 한 번 각박하다. 사라져 가는 희미한 조명을 등대 삼아 다시 걸었다. 불이 꺼진 집의 대문을 두드리는 건 아무리 생각해도 무례해 보였지만 이 어둠 속에서 밤을 보낼 수는 없었다. 어느 집 문을 두드리니 나이가 지긋한 할머니가 나오셨다.

  – 죄송합니다. 이 늦은 시간에. 수도원 기숙사를 찾고 있습니다. 그런데 도저히 찾을 수가….
  – 이 골목길 끝에 가면 폐차장 같은 곳이 있어요. 거기가 기숙사예요. 날도 추운데 얼른 가보시오.

막다른 골목길까지 걸어가는데 그녀가 언급한 '폐차장'이란 단어가 계속 머릿속에서 맴돌았다. 설마 버스를 개조한 곳에서 잠을 자게 되는 것일까? 나는 왜 여기에 온 것일까? 어둠

속에서 개가 요란하게 짖어댔다. 불이 켜지고 폐차장 지기처럼 보이는 거친 남자가 철문을 사이에 두고 다가왔다.

　– 저, 민스크에서 왔는데요. 수도원에 가려는데, 기숙사를
　　못 찾겠습니다. 하룻밤만 자게 해주세요. 미안합니다.
　　너무 늦은 시간에 도착해서요.
　– 여기가 기숙사요. 들어와요.

　바곤(기차를 의미하는 러시아어)에 다다랐다. 기차가 다니지도 않는 곳에 웬 바곤일까. 내부로 들어가니 조명도 없고, 꿉꿉한 공기만이 호흡을 방해한다. 잠잘 곳이라고 안내한 자리는 모래가 쓸리고 바닥이 울퉁불퉁하다.
　'시험이다. 날 시험하는 것이야.' 이 정도도 못 버틴다면 이 험한 세상 어찌 살아갈까. 덮으라고 준 이불은 옆으로 살짝 밀쳐두고 주섬주섬 침낭을 꺼냈다. 누에고치가 되기로 마음먹고서 그 안에 몸을 구겨 넣고 눈을 깊게 감았다. 이렇게 이곳에서 첫 날은 어영부영 지나가버렸다.

벨라루스에서 난 원효대사였다

결국 소음에 눈을 떴다. 하나같이 험상궂고 몸에서 악취를 내뿜는 사람들이 시야를 가렸다. 내가 자기네 공간을 차지하고 있는 게 마음에 안 들었는지 막무가내로 성당에 가란다. 거친 말들이 난무하는 아침, 문을 박차고 나와 깊게 숨을 내쉰다. 어제 이곳으로 안내한 사람이 오더니 수도원으로 가자고 한다.

— 이런 누추한 곳에 머물게 해서 미안해요.

'미안해하시지 않아도 되는데.' 짧은 시간이었지만 내가 어떤 사람이고 지금까지 어떤 삶을 살았는지 되돌아보는 소중한 시간이었기 때문이다.

— 여기는 성당에서 소일거리를 하며 새 삶을 살아보려는
    알코올이나 마약 중독자들이 묵는 곳입니다.

그랬다. 이곳이 어떤 곳이었는지 미리 알았더라면 발을 디딜 생각조차 하지 않았을 것이다. 하지만 최악의 상황은 감안했기에 그렇게 힘들지 않았던 것 같다. 수도원 경내에 있는

방문자 기숙사에 짐을 풀고 보리스 수사님의 안내를 받으며 동네를 돌아본다.

비가 추적추적 내리는 쥐로비치 마을은 수도원을 위해 존재하는 듯 보였다. 형형색색의 집들이 이 작은 마을에 있을 줄이야. 집 한 채 한 채 작게 만들어서 주머니에서 넣어가고 싶을 정도다. 반나절을 돌면서 수사님과 인연의 끈을 촘촘히 이어가려고 애썼다. 이 먼 곳에서 이렇게나 친절한 분을 만날 줄이야.

수사님은 무거운 문을 열고 성당 안으로 들어서더니 기도를 한다. 손끝으로 이마와 어깨를 스치며 성호를 긋는 모습이

무척이나 경건해 보인다. 잠시 후 내게도 뭘 해야 하는지 차분하게 알려준다.

먼저 성호를 그은 다음, 제단에 있는 성화에 입맞춤을 하고 다시 성호를 긋는다. 왼쪽과 오른쪽에 있는 성화에 또 입맞춤을 하고 다시 성호를 긋고…. 원하면 성화와 바닥에 입맞춤을 해도 된다고 한다. 가톨릭 성당에 들어설 때는 성수에 손가락을 담근 뒤 성호를 긋고 두 손을 모으는데 동방 정교는 조금 달랐다.

미사가 끝나고 수사님과 식당으로 향했다. 일반인을 위한 식당이 아닌 성직자를 위한 식당이었다. 음식은 별반 차이가 없었지만 곳곳에 성화가 걸려 있었고 조명도 조금 더 밝았다. 등받이 없는 의자에서 신부님들과 등을 마주하며 이런저런 이야기를 나누었다. 모두들 내가 어디서 왔으며 왜 여기까지 왔는지 궁금해 했다.

— 러시아 정교를 조금 더 알고 싶었습니다. 그뿐입니다.
— 그럼 수도원 바깥에 떨어진 바곤에 머물며 그 사람들과 식사를 며칠 해보게나. 가장 빠르게 깨달음을 얻을 수 있을 걸세.
— 신부님 이미 어제 거기서 짧지만 하룻밤 머물고 식사도

한 끼 했습니다.

어쩌다 바곤에서 잤는지 자초지정을 설명 드렸더니 좀 놀란 표정을 지으신다. 한국에서 머물곤 하던 사찰에서는 식사하고 설거지하는 습관이 몸에 배어 여기서도 설거지할 생각으로 주방으로 향했다. 그곳에서는 다음 식사를 준비하는 손놀림이 분주했다. 행동으로 감사함을 표시하고 싶었으나 손님을 그렇게 대접할 수 없다며 손사래를 친다. 결국 감사한 마음을 러시아어로 전할 수 있어 다행이었다. 한국에서 선물을 좀 챙겨왔더라면 하는 아쉬움이 일었다.

수도원이 날 오라 손짓하네

수도원을 가만히 걸으며 여러 가지 상념들을 하늘로 올려보낸다. 사찰을 거닐 때와는 또 다른 느낌이다. 특별히 할 일 없는 수도원에서 할 수 있는 일은 오직 기도뿐이니 내가 좋아하는 사람, 나를 미워하는 사람 그리고 나를 위해 기도하고 또 한다.

수도원의 밤이 다시 찾아왔다. 희미한 조명은 어젯밤 가로등보다 나았고 방은 바곤보다 깨끗했다. 불편한 것을 겪었기

에 지금이 좋다고 말할 수 있는 것이겠지. 며칠 더 머물고 떠났으면 싶지만 벨라루스 비자가 허락하지 않는다.

> — 보리스 수사님, 다시 오고 싶은데 벨라루스 초청장 좀 보내주세요.
> — 그러게나. 다음에 또 오고 싶으면 초청 비자를 보낼 테니 와서 오래오래 머물고 가시게나.
> — 이곳에서 받은 신성한 기운을 지인들과 나누겠습니다. 꼭 다시 들르겠습니다.

이 먼 마을에 언제 와도 따뜻하게 맞아줄 사람이 있다는 건 참 고마운 일이다. 낯선 나라지만 마음만은 가깝게 느껴지도록 만들어준 수사님이 고맙다. 종교를 떠나 인간적인 면에서 나를 다시 돌아보게 해준 수사님. 내가 힘들어질 때마다 더욱 생각이 난다. 수도원으로 가고 싶은 마음이 언제라도 굴뚝같이 들게 만든다. 떠나기 전 두 손 맞잡으며 했던, "다시 오겠습니다"라는 약속 잊지 않겠습니다.

탈린_ 에스토니아 Nov. 19th, 2010.

3쾌한 기분을
한껏 담아

핀란드 바로 아래 올망졸망 위치해 있는 발트 3국 중 에스토
니아. 이 땅의 수도 탈린으로 가는 길이다. 탈린 올드타운이
지척인 곳에 닿자 북유럽 사람들이 빠르고 경쾌한 발걸음으
로 배에서 내렸다. 대부분 올드타운이 있는 그 방향으로 걸어
갔다.

    — 저기요. 왜 이렇게 핀란드 사람들이 즐거워 보이는 거
      죠? 무슨 일이 있나요?

    — 에스토니아에 오면 술과 담배가 핀란드보다 많이 저렴
      해요. 그러니 저들의 표정이 저렇게 밝을 수밖에.

저렴한 술과 담배가 기다리는데 저런 표정이 나오지 않을 수가 없을 것 같다. 그만큼 북유럽의 살인적인 물가는 사람들의 소소한 행복을 박탈한 듯했다.

여객선 터미널에서 올드타운은 그리 멀지 않았다. 옛날에 만들었다고 보기엔 그 크기가 꽤 커 보이는 아치형 문을 지나자 올드타운에 온 것을 환영하는 문구가 보였다. 술을 한잔

걸치고 알딸딸한 상태로 돌아가기에 딱 적당한
거리에 일부러 터미널을 만든 듯 보였다. 그만
큼 핀란드 사람들이 이곳에 온 목적은 확실해
보였고 그들의 얼굴은 고국에서보다 행복해 보
였다.

탈린은 발트 3국 수도들 중에서 가장 화려하
고 아름답고 고풍스러웠다. 밟히는 것도 스치는
것도 다 오래된 듯한 이 느낌이 참 좋다. 가지각
색의 건물들이 저마다 들려줄 이야기가 있다며
발걸음을 세차게 붙든다. 자연스레 걸음이 느려
지고 국경을 넘어오느라 비어버린 배꼽에서 꼴
깍꼴깍 시계가 울어댄다.

한자동맹을 의미하는 레스토랑 한자 앞에서
전통 복장을 입은 직원들 손에 이끌려 식당에
들어섰다. 아직 해도 안 떨어졌는데 식당마다
맥주잔 부딪히는 소리가 요란하다. 술을 마시고
있는 사람들은 방금 배에서 내린 핀란드 사람
들일 가능성이 커 보였다. 배 삯을 뽑으려면 얼
마나 많은 술을 뱃속에 넣어가야 할까. 담배를
피우러 나온 핀란드 남자가 있어 슬며시 말을

걸어본다.

- 대낮부터 무슨 술을 이렇게 마시는 겁니까. 곧 돌아가야
  하잖아요.
- 저녁 배가 떠나기 전까지 마시다 가야죠. 핀란드에서는
  술값이 워낙에 비싸다보니. 하하하하.

바다 건너 웃음이 허용되는 이곳을 향해

뱃사람마냥 핀란드인들이 어찌나 시끄럽게 떠들어대는지
정신이 없었다. 시끄러움을 피해 근처 어느 요새에 오르니 코
를 스치는 바다 냄새와 머리를 스치는 갈매기들이 계속해서
여기가 바다라며 연신 알려온다.

멋진 바다가 곁에 있어서였을까? 탈린을 서로 가지려고 옛
적부터 이웃 나라에서 욕심을 부렸을 것만 같다. 지금도 주변
국가에서 이 도시를 보러 엄청난 관광객들이 몰려오는 걸 보
더라도 그 인기가 실감난다.

올드타운을 걷다가 악기를 멘 사람들이 녹색 벽 너머로 하
나둘 사라져가는 모습에 그 뒤를 쫓았다. 바깥에서 기다리다
가 입장하는 이들을 따라 녹색 벽 너머로 몸을 집어넣었다.

이곳은 악기와 노래를 연습하는 공간으로, 공연을 앞두고 지역 아마추어 음악가들의 리허설이 한창이었다.

공연단 이름은 '획'이라고 했다. 모든 것이 잘되길 바란다는 의미를 가진 이 공연단의 연주를 한참 지켜보았다. 그들의 리허설이 최대한 방해를 받지 않게 조심조심 나무 바닥 위를 걸어 다니며 사진을 담았다. 잠시 쉬는 시간이 찾아왔고 나는 그들에게 공연 당일 모든 것이 잘되길 바란다는 의미로 '획'이라고 외쳐주고 나왔다.

이곳 탈린에서는 여기도 축제, 저기도 축제, 매일 축제 같은 날들이 이어지는 것 같다. 그래서 핀란드 사람들이 이곳에 와서는 그렇게나 웃음을 멈추지 않는 것일까. 일탈을 시도해도 좋을 만큼 북적거리는 곳. 나 역시 축제와 음악과 웃음과 한잔의 술로 나를 달래본다. 탈린의 하루는 그렇게나 흥겹게, 3쾌하게^(유쾌, 상쾌, 통쾌) 흘러가고 있었다.

20

산타클로스의 나라에서
곤니찌와를 만나다

내 여행에는 동행이 종종 등장한다. 아니, 있기도 하고 없기
도 하다는 표현이 정확하겠다. 이번 여행은 평소 좋아하는 작
가분이 함께했다. 작가와 떠나는 유럽 여행이라니. 특히 핀
란드 여행이라니.

　이름은 많이 들어본 핀란드. 이곳은 우리에게 무엇으로 익
숙할까. '무민 이야기'로 전 세계 어른, 아이 할 것 없이 따뜻
한 감성을 선사한 토베 얀손의 나라? 노키아의 나라? 산타클
로스와 사우나의 나라? 핀란드는 주변국인 노르웨이, 스웨덴,
러시아에 비해 우리에게 덜 알려져 있는 나라이기도 하다.

핀란드 중에서도 수도 헬싱키. 이곳을 느릿느릿 걸어보고 싶었다. 그렇다. 북유럽 국가는 느리게 걷는 데 익숙해 있다. 이곳 특유의 날씨 때문인지 영혼은 차분해지고, 신체는 여유로워진다.

하지만 이날은 걷기는커녕 바깥으로 한 발짝도 내디딜 수가 없었다. 세상이 꽁꽁 얼어버렸다. 숙소에 앉아 내리는 눈만 하염없이 바라보니 하루가 훌쩍 지나가버렸다. 그래도 드라마나 CF 속 주인공이 된 듯 모락모락 따스함이 피어나는 커피 한잔 들고서 바깥을 바라보고 또 바라보다가 하루를 접었다.

북유럽에서는 어디론가 가고 싶으면 준비를 철저히 해야 한다. 차비조차 저렴하지 않기 때문이다. 노면전차인 트램 한 번 타는 데 3,000원. 우리나라의 세 배. 심지어 환승도 되지 않으니 체감 물가는 훨씬 비싸다. 그러니 일정을 정확하게 짜서 다녀야 허투루 돈 새는 법이 없다.

　핀란드 물가는 여행자의 발을 조금 타이트하게 묶어버리
지만 동행을 데려왔는데 숙소에만 있을 수는 없었다. 여유롭
게 침대에 누워 '헬싱키 추천 코스', '헬싱키 여행' 등을 검색하
기 시작했다. 신기하게도 검색에 걸린 첫 번째 장소는 바로
'카모메 식당'.

　오기가미 나오코 감독의 일본 영화 〈카모메 식당〉의 배경
이 된 식당이 정말 헬싱키에 있단 말인가. 따스한 마음을 한
가득 담은 주먹밥, 그리고 기다림의 미학이 무엇인지 명확하
게 알려주는 느린 영화. 누군가는 이렇게 말했다. 레몬을 한

조각 넣은 시원한 물 한 잔 같은 영화라고. 오늘처럼 눈이 내리는 날엔 질퍽한 길을 걸어 다니는 것보다 카모메 식당에 앉아 음악을 들으며 엽서 한 장 쓰고 싶다. 다행히 동행도 물론 그곳에 가겠다며 마음을 보탰다.

하지만 찾아가는 길은 쉽지 않았다. 느리게 걷다가는 해가 질 것만 같아 마음이 급해졌다. 헬싱키는 인적이 드물어 길을 묻기도 쉽지 않다. 지나는 사람을 불러 세웠다 해도 일본 영화에 등장했던 카모메 식당을 누가 쉽게 알아듣겠는가. 세계적으로 히트한 영화도 아니니까.

카모메 식당 Vs 카빌라 수오미

이미 문을 닫아서 사라져버린 것인지, 묻는 사람들마다 모르는 것인지 당최 알 수 없어 숙소로 돌아와야 했다. 그리고는 다시 검색해야 했다. 역시나 카모메 식당은 영화에서만 존재하는 곳이었다. 이런 쥉장.

헬싱키 사람들에겐 '카빌라 수오미'라고 물어봤어야 했다. 이왕 검색하면서 찾아가는 방법까지 두 눈 부릅뜨고 확인했다. 다시 실수하지 않으리라. 트램을 타고 근처에서 내릴 수 있었다. 시내에서 좀 벗어났더니 드문드문 다니던 행인도 보이지 않고 아무도 없을 것 같은 건물 안에서 사람들이 미동도 없이 일하고 있었다. 북유럽의 겨울은 영화를 일시정지 시켜

놓은 듯한 풍경들의 컬렉션이다.

　여기 빼꼼, 저기 빼꼼 거리다가 드디어 찾았다. 카모메 식당, 아니 카빌라 수오미. 마침 우리와 비슷한 시각에 몇몇 일본인 여행자들도 도착했다. 그녀들도 우리처럼 어렵게 찾아왔는지 빨개진 코끝을 살살 문지르며 같은 아시아인인 우리를 보자 반가움에 격한 반응을 보였다. 식당에 막 들어서서 앉기보다 지구 반대편에서 검정색 머리카락, 검정색 눈, 황토색 피부를 가진 우리를 만난 반가움을 표하는 것이 더 급했나 보다.

　- 곤니찌와. 어머나, 이런 데서 한국 사람을 만나네요. 너

무 반가워요.

- 어떻게 알았어요? 맞아요, 한국 사람. 저희도 놀랍네요. 이 먼 곳에서 이웃나라 분들을 만나다니. 스고이. 하하하.
- 한국에서도 〈카모메 식당〉을 볼 수 있었나 봐요.
- 그럼요. 일본 영화뿐만 아니라 유럽, 심지어 이란 영화도 볼 수 있어요.
- 에~! 혼또. 신기하네요. 우선 너무 추우니까 얼른 들어가요. 뭘 먹을 수 있을지 너무 궁금해요. 사진도 찍어야 하니까요. 하야꾸.

일본인 둘, 한국인 둘은 테이블 하나를 사이에 두고 앉았다. 우리보다 어려 보이는 그들은 일본인답지 않게 말이 많았고 조금 소란스러웠다. 몇 테이블을 더 두고 앉고 싶었으나 썰렁한 식당에서 온기를 조금이라도 나눠야 할 것만 같았다.

천장에서 시작된 시선은 벽을 타고 내려와 바닥에 가 닿았다. 영화에서 봤던 카모메 식당과 지금 보고 있는 식당이 어떻게 다른지 비교해보기 시작했다. 힘겹게 찾아왔으니 밥만 먹고 가기엔 어딘가 아쉬웠으니까.

영화에서는 봄날의 햇살이 식당에 자주 찾아와 화사한 분위기를 연출해냈다. 하지만 현실은 달랐다. 겨울 한가운데

잿빛 하늘에선 햇살 하나 내려오지 않아 식당은 바깥 못지않게 찬 기운을 마음껏 품고 있었다.

영화 주인공 사치에가 서 있던 곳에는 젊은 핀란드 아가씨가 주문을 받고 있었고 그녀 뒤로는 큼지막한 영화 포스터가 붙어 있었다. 그녀는 웃음 한 번 지어주지 않았다. 우울함이 더욱 감도는 분위기였다.

한편으로는 관광객에게 얼마나 시달렸기에 저렇게 차가운 표정으로 서 있나 싶었다. 저녁 식사로는 감자 퓨레와 채소 그리고 얇게 썰린 소고기를 시켰다. 영화에서 향이 좋아 인기가 많았던 커피도 시켰다.

우리보다 먼저 음식을 받은 일본인 여행자들은 "스고이, 스고이"를 연발하며 사진 찍기에 정신이 없었다. 그 소리에 식당 주인이 안쪽에서 걸어 나왔다. 사진 인심도 후한 주인은 우리 테이블에 앉아 이야기를 이어갔다.

— 〈카모메 식당〉 영화 보고 온 거예요? 그 영화에 내가 출연했어요.

— 아, 그런데 어디에 나오신 건지… 기억이… 좀 더 설명해주시면 얼른 기억날 거 같아요.

　일본인 출연진은 얼굴과 이름까지 기억났지만 핀란드 배우는 배역이 크지 않았으니 떠올리기가 쉽지 않았다. 식당 와이파이를 이용해 영화를 검색해보았다. 사진 속 남자와 옆에 앉은 남자의 얼굴을 이리저리 비교해 보아도 같은 사람인지 분간이 되지 않았다.

　그러더니 갑자기 곁에 있던 작가님이 한 마디 건넨다.

　− 콴. 귀를 봐요. 귀가 비슷한 거 같아요. 맞는 거 같은데.
　− 그런가. 전 잘 모르겠는데. 같은 사람인가.

옆에서 우리 이야기를 듣고 있던 일본 여행자들은 뭔가 낌새를 차렸는지 갑자기 주인에게 몰려들며 사진을 찍겠다고 난리다.

　－ 맞나 봐. 맞아 맞아. 영화에 나온 그 분이야.
　－ 그래 그래. 얼른 사진 찍어 찍자. <u>오호호호호호호호호</u>~ 어머나 신기해라.

얼굴을 알아봐주는 사람들 때문에 어깨가 한껏 올라간 식당 주인은 영화 뒷이야기를 들려준다며 말을 이었다.

　－ 일본 영화인들은 3~4주 정도 머물렀는데 사전에 한두 명이 와서 준비를 철저히 하고 돌아가더니 팀을 데려 왔어요. 지금 보이는 천장, 벽, 바닥을 제외하고 모두 바꾸더군요.
　－ 어쩌다 영화에 출연하시게 됐어요?
　－ 스태프들이 현지 출연진을 찾아다니기에 내가 손을 번쩍 들었지요. 멀리서 찾는 것보다 가까이서 찾는 게 낫잖아요. 하하하하.

영화 이야기를 하는 동안 그는 해맑은 표정을 지어보였다. 매번 영화를 보고 찾아오는 손님들에게 같은 말을 반복할 텐데. 지겹다는 표정 하나 없이 즐거운 마음으로 연신 설명을 이어 나갔다.

우리는 지구별 반대편에서 왔어요

한산한 식당에 한바탕 소란이 지나가고 잔잔한 저녁 시간이 찾아왔다. 꽤나 오랫동안 이곳에 앉아 바깥 날씨를 구경하고 카모메 식당의 식사와 커피를 음미했다. 눈이 흩날리는 창 너머를 바라보며 이름 모를 가수의 노래를 듣고 있었다. 그리고 영화의 한 장면처럼 남자 하나가 카페 문을 열고 들어선다. 커피 한 잔을 시킨 그는 거의 매일 커피를 마시러 이 식당에 들른다고 했다. 이곳에 오면 지구별 반대편에서 온 아시아인을 만나는 설렘이 있다고 한마디 거든다.

― 여행은 멀리 나가질 못해요. 주로 유럽을 다니는 정도지
요. 일본 만화를 좋아해서 꼭 가보고 싶기는 한데 거의
끝에서 끝이잖아요. 쉽게 갈 수가 없더라고요. 정말 가
고 싶은 나라예요, 일본. 어쩔 수 없이 이곳에서 그 느낌
을 간직해보려는 거죠.
― 저도 핀란드가 꽤 먼 나라라고 생각했는데 비행기로 여
덟 시간 정도면 도착하는 곳이더라고요.

우리가 알고 있기로는 북유럽이 파리나, 로마보다 더 멀다
고 생각했는데 실제 비행기 시간으로는 서유럽보다 가까운
땅이다. 그리고는 세 번째로 똑같은 질문을 받는다. 첫 번째
는 입구에서 만난 일본인들에게, 두 번째는 주인에게 그리고
마지막은 이 분에게서.

― 당신도 〈카모메 식당〉을 보고서 여기를 찾아온 건가요?
― 영화를 보긴 했지만 여기 올 목적으로 헬싱키에 온 것은
아니에요. 이곳은 오늘 인터넷 검색을 하다가 우연히 들
른 곳이라.
― 올 때마다 여기서 아시아 사람들을 만나네요, 신기하게
도. 그 먼 곳에서 여기까지 오다니 그 영화가 그곳에서

는 엄청난 인기를 누렸나 봐요.

— 멀다면 먼 거리지만 핀란드는 한국에서 봤을 때 이웃 건
너 이웃이에요. 그게 더 신기하지 않나요.

— 러시아 옆에 한국이 있나보군요!

거리로는 멀게 느껴지지만 그러고 보니 핀란드, 러시아, 그리고 한국이다. 생각의 작은 전환만으로도 이렇게나 가까운 나라가 되어버리다니.

그는 내일 헬싱키에서 시간이 되면 자신이 운영하는 공방에 들르라며 명함 한 장을 건네고 식당을 유유히 떠났다. 저녁 내내 손님이라곤 딱 세 테이블, 해가 지면 한산해지는 헬싱키의 시간이 어김없이 식당 안으로 찾아들었다.

영화 속 식당도, 지금 이곳도 한산함이 닮았다. 영화 속 주인공이 되어봤다는 말, 이럴 때 쓰는 표현인가 보다.

영화의 대사 중 하나였던 '세상 어디에 있어도 슬픈 사람은 슬프고 외로운 사람은 외롭다'라는 이야기, 핀란드 겨울에 딱 어울릴 법한 말인데. 나에겐 '자유로운 사람은 어디에 있어도 자유롭다'라고 들려온다.

오슬로_ 노르웨이 *Jan. 5th, 2011.*

북쪽 나라를
한여름에 찾아가는 맛

도시마다 중심거리가 있다. 서울에 세종로가 있다면, 노르웨이 오슬로에는 '칼 요한스 가테'가 있다. 세종로만큼 북적거림은 없지만 오슬로를 위해 필요한 주요한 건물이 모여 있는 곳이다. 심지어 야경이 아름다운 곳으로도 알려져 있다.

　가테는 노르웨이어로 길을 의미하며, 칼 요한스는 1800년대 노르웨이를 복속시킨 스웨덴 왕의 이름이다. 이 거리는 로열 팰리스에서 시작하며 조금 내려가면 국립극장이 나오는데 노르웨이를 대표하는 극작가 헨리크 입센 경의 동상이 당당하게 서 있다. 그리고 조금 더 걸어가면 오른편에는 오슬로 시청이, 왼편에는 오슬로 대학이 위치해 있다. 길 한가운데는

겨울철에 열리는 스케이트장도 보인다. 오슬로에서 가장 시끄러운 공간이 아닐까 하는 생각이 들 정도다. 밤늦게까지 리드미컬한 음악이 끊임없이 흘러나오기 때문이다.

스케이트장 왼편에는 정말 오래된 '그랜드 호텔'이 있다. 건물 외관부터 걸어가는 사람들의 눈길을 사로잡는데 노르웨이를 방문했던 오바마 미국 대통령뿐 아니라 노벨평화상 수상 예정자들을 포함한 대부분의 국빈들이 이곳에서 식사를 한다고 한다.

나도 먼 나라에서 왔으니 한번 들어가 보려는데 입구부터 앤티크한 인테리어가 여행자를 압도하여 잠깐 멈칫 했다. 이 식당에서 헨리크 입센 경이 식사와 차를 자주 즐겼다고 하여 노르웨이 국민들에게는 더없이 특별한 호텔임에 분명하다. 많은 여행자들이 이 호텔에 들어가려고 했다가 꽤나 주저하곤 한다. 외관이 주는 압도하는 느낌 때문이리라.

호텔 대각선 맞은 편에는 노르웨이 국회의사당이 자리하

고 있다. 그러고 보면 칼 요한스 가테는 오슬로의 주요 시설을 모두 갖추었다고 해도 과언이 아닐 듯. 노르웨이는 여성 국회의원이 많은 것으로도 유명하다. 그 뒤로는 오슬로 올드 마켓이 펼쳐지는데 저가 스파 브랜드부터 명품까지 수많은 숍이 옹기종기 모여 있다. TGIF 같은 패밀리 레스토랑부터 케밥집까지 식당들도 즐비하다. 50만 정도 되는 오슬로 시민들은 다 여기 모여 있는 것 같다.

거리 위에 매달린 커다란 종과 전등들이 은은한 빛을 내주기에 걷기도 아주 좋다. 칼 요한스 가테는 오슬로 중앙역에서 끝이 난다. 시간이 허락한다면 중앙역을 바라보고 우회전해서 요새를 끼고 바닷가를 따라 걸어보면 도보 여행이 로맨틱하게 멈출 듯.

회색 하늘과 붉은 노을의 컬래버레이션

오슬로는 물가가 워낙 비싸서 윈도우 쇼핑만으로도 충분히 만족해야 한다. 시간에 쫓기는 여행자에게는 이 길만 걸어도 오슬로의 주요한 것들을 볼 수 있어서 경제적인 거리임에도 분명하다. 썰렁한 기념품 가게에 들러 이것저것 물건을 고르는데 오랜만에 관광객이라도 만난 듯 직원이 묻는다.

– 어느 나라에서 오셨나요.

– 한국이라고 하는 나라에서 왔어요. 일
본과 중국 사이에 있는데 이제는 일본
과 중국이 한국 옆에 있다고 할 정도로
많이 유명하지요.

– 아, 한국이요. 들어본 거 같아요. 축구도
잘하고, 음악도 유명하다고 들어봤어
요.

– 네 맞아요. 그 나라에서 왔어요.

– 그런데 이 먼 곳까지 혼자 여행하나요?
무슨 일로?

– 단체 관광은 싫거든요. 답변이 너무 단
순하나요. 조용히 여행하고 싶었어요.

– 지금처럼 휑하고 차가운 풍경이 좋다는
말이죠?

– 네, 제가 지울 수 없는 풍경 속 사람들을
거울이 지워주잖아요. 조금은 철학적인
느낌으로 찾아온 것이기도 해요.

– 기회가 되면 여름에도 한 번 와요. 오슬
로는 그때도 지금처럼 조용하거든요.

오슬로에서 짧은 낮 시간은 눈동자의 움직임과 발걸음을 빠르게 한다. 제법 추운 거리를 하루 종일 걸었더니 추운 날인데도 불구하고 발가락 사이에서 땀이 흐른다. 잠시 쉬어갈 곳을 찾다 붉은 바다 앞에서 발걸음을 멈칫거려본다.

무거운 회색 하늘만 있을 것 같았던 오슬로에서 만난 노을은 여행자의 발걸음과 마음을 사로잡기에 충분했다. 아마 노르웨이 화가 뭉크도 이 풍경을 보며 걷다가 〈절규〉라는 그림을 그리지 않았을까 하는 생각이 든다.

하루 종일 나를 누르던 회색 하늘이 절망이었다면 잠시 나타난 붉은 노을은 환희였다. 혼자 보는 노을은 허전함과 아름다움을 함께 느끼게 한다. 그리고 해가 이렇게 따스하고 소중한 존재라는 걸 오슬로에서 알게 됐다.

그 온기는 어찌나 따스한지, 지구 반대편 누군가가 보냈을 온기가 들어 있다고 생각하니 가슴팍이 후끈해진다. 잠시 머물러준 후끈함을 꽉 끌어안고 여행자는 차가운 도시로 들어간다.

베를린_ 독일 Jan. 11th, 2011.

On The Road of
Berlin

혹시 이력서를 써봤다면, 취미나 특기 란에 뭐라고 쓰는 편인가? 독서, 음악 감상, 영어, 운동 정도가 가장 기본적인 답변 아닌가 싶다. 그런데 나는 첫 직장의 이력서에 '대중교통 오래 타기'라고 적었다. 당시 면접에서 상당히 깊은 인상을 남겼던 기억이 난다.

그만큼 대중교통 오래 타기를 무엇보다 좋아한다. 그래서 내 여행에는 버스, 지하철이 빠지지 않는다. 대중교통은 마치 영화관 같다. 나는 고정된 자리에 앉아 있고 끊임없이 풍경이 바뀐다. 적절한 OST까지 넣어준다면 금상첨화겠다. 팝콘은 없지만 물 한 병으로 가끔 목을 축인다. 이곳 베를린에서도 하릴없이 버스와 지하철을 타고 다녔다. 차창 밖으로 펼쳐지는 베를린의 겉모습만 스치듯 보아도 문제가 없었다. 하루가 후딱 지나갈 정도였으니까.

게다가 비가 내리고 바람까지 불어오는데 야외에서 카메라를 들이댈 여건이 아니었다. 동선을 미리 정했더라면 좋았을 텐데, 라고 누군가는 아쉬워할 수도 있겠으나 워낙 볼거리가 많은 도시라 계획적인 것보다 '1일 패스'를 끊고 발걸음 닿는 대로 마구 다니는 편이 좋았다. 지도 한 장 달랑 들고 다니면서 베를린 구석구석을 대중교통을 이용해 누비고 다니는 것이 내게는 파라다이스였다.

베를린이 왜 좋냐고요?

유럽의 비싼 물가에 상처 받지 말라고 여행자를 위한 베를린 교통카드가 있다. 이 카드로는 베를린 지하철, 트램 그리

고 버스까지 탈 수 있다. 더불어 베를린의 위성도시인 포츠담까지 갈 수 있다는 사실을 결국 알아냈다. 심지어 베를린 테겔 공항까지도 이 표 한 장이면 충분했다.

'무슨 이런 만능 카드가 있단 말인가. 대중교통의 천국인 베를린이기에 가능한 것이겠지.'

자, 그렇다면 이 교통카드를 이용해 베를린을 어떻게 누비고 다녔는지 상세하게 설명하고자 한다. 어쩜 이렇게 대중교통으로 알차게 여행할 수가 있는지 감탄할 수도 있지만, 그건 선물.

아침 아홉 시부터 표를 사용하기 시작한다. "출발, 베를린

이여." 어느 대중교통이든 펀칭 기계에 표를 넣었다 빼면 구멍이 생기는 것으로 개시가 된다.

비가 추적추적 내리다가 바람이 불다가, 정말 변덕스러운 베를린 날씨. '내 마음도 이렇게까지 오락가락하지는 않는데.' 정류장에서 버스를 기다릴 때까지만 해도 비는 귀찮은 존재였는데 버스에 올라타고서 유리창 너머로 감성 영화 한 편이 시작되니 마음이 누그러졌다.

영화 제목은 〈온 더 로드 오브 베를린〉이라고 지어야 맞을 것 같다. 버스에는 아무도 없었다. 2층에 올라 내가 제일 앞자리에 앉을 거라는 걸 기사가 알았던 것일까. 와이퍼가 작동하기 시작한다. 아무 생각 없이 베를린 구석구석을 보다가 내

렸으면 좋겠다.

종점에 닿으면 그곳에서 다른 버스의 종점까지 달려보고 싶어졌다. 모퉁이를 돌고 돌아도 깔끔한 베를린은 흠잡을 곳이 별로 없다. 교통 표지판도, 신호등도 톱니바퀴 돌 듯 잘 맞아 돌아가는 듯했다. 다른 대중교통 수단으로 갈아탈 때가 되었다.

간단히 햄버거로 요기를 하고 지하로 내려가 본다. 한눈에 봐도 오래된 베를린 지하철 역사는 그 자체로 박물관 같다. 과하게 그려진 그래피티조차 이곳과 함께 나이를 먹어가는 듯하다. 오래된 역사와 어울릴 법한 바이올린 연주자의 클래식 연주가 이 노란색 공간을 밝게 만들었다.

물건을 팔거나 구걸하는 사람은 거의 보이지 않고 예술가만이 종종 보였다. 어느 연주가는 캐리어에 스피커를 달고 다니며 지하철 한 칸을 콘서트 홀로 바꾸는 재주도 마음껏 선보였다.

독일 지하철은 칸과 칸이 연결되어 있지 않아 연주를 하다가 지하철이 정차했을 때 다음 칸으로 또 다음 칸으로 점차 이동해갔다. 연주자가 떠난 지하철은 너무나 조용했다. 간혹 열정이 넘치는 사람들이 큰 소리로 떠들곤 하지만 대체로 조용한 독일 지하철은 나의 마음과 잘 통한다.

이렇게 해서 도착한 곳은 독일 과학기술박물관. 지금까지
타고 본 교통수단을 한 자리에서 만나는 시간이다. 무엇부터
보게 될지 몰라 입구에만 들어서도 많이 설렌다. 독일의 과학

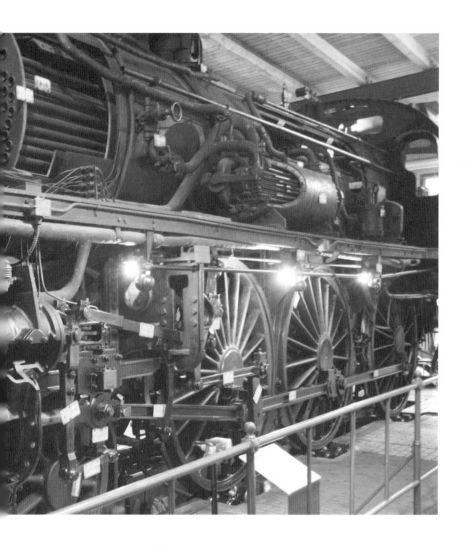

기술이 한 곳에 모여 있는 곳. 교통뿐 아니라 광학, 정밀 기
계, 섬유, 화학, 카메라, 영화까지 이 모든 것을 다 확인하는
데 우중충한 베를린의 날씨와 상관없다고 생각하니 먹구름

이 바로 물러난 듯했다.

누군가는 물어본다. 그 재미없는 것을 왜 보냐고. 그럼 나는 대답한다.

　－ 대중교통 오래 타기가 특기라니까요. 그래서 학과도 교통공학과를 나온 거구요. 저한테는 너무너무 재미있는 거예요. 최고, 최고예요.

박물관 꼭대기에 매달린 비행기, 박물관 입구에 좌초된 옛 범선…. 증기기관차부터 ICE까지 독일의 모든 기차가 모여 있어 나의 눈이 번쩍 뜨이게 만든다. 이런 것들을 한 곳에 다 모아놓고 티켓 한 장으로 전부 보여준다는 사실만으로도 놀랍지 않은가. 나에게 베를린은 이처럼 다른 감동으로 다가온다.

연도별로, 종류별로 어마어마한 독일의 과거와 현재 미래가 전시되어 있었다. 평소에는 박물관을 즐겨 찾지 않지만 관심

분야를 다루는 곳이라면 오래 머물 수 있다는 사실을 베를린에서 절실히 느꼈다.

역사적으로, 예술적으로, 교육적으로, 정치적으로 베를린을 기대하고 이곳을 찾는 사람들이 많다. 하지만 난 다르다. 내게 베를린은 대중교통의 천국이라는 점에서 더욱 특별하다. 물론 남들 다 둘러보는 곳을 보지 않았다는 것은 아니다. 다만 내게는 베를린이 다른 시각으로 각인되어 있을 뿐. 이처럼 하나의 여행지도 누가 어떠한 시각으로 바라보느냐에 따라 다르게 보일 수밖에 없다. 경험의 감동은 이런 데서 증폭되는가 보다.

루앙프라방_ 라오스 *May 6th, 2011.*

주황색과 초록색이
한없이 맞닿는 곳으로

– 서울, 대전, 대구, 부산 찍고 아하. 당신은 이러한 대도시에
   살고 있나요. 하지만 맑은 공기와 드넓은 자연에 푹 파묻
   혀 단 며칠만이라도 살고 싶죠?

   시골의 맑은 공기와 풍경은 도시인들의 로망이다. 그러니
귀농도 하고, 제주에서 한 달 살기 같은 프로그램도 생기지
않겠는가. 열심히 일한 당신, 조용한 곳으로 떠나기도 한다.
국내든, 해외든.
   바쁘게 살아가는 도시인일지라도 조금만 고민하면 얼마든
지 고요한 곳으로 떠나볼 수 있다. 그렇다면 몇 년 전부터 여

행 서적이나 TV 프로그램으로 세간에 알려지고 있는 곳, 바로 라오스 루앙프라방을 추천한다.

루앙프라방은 라오스 북부에 위치한 도시다. 라오스에서 두 번째로 큰 도시이자 한때 라오스의 수도 역할을 했던 곳이다. 도시 전체가 유네스코에 등록되어 있다. 맑은 공기, 귀뚜라미 울음소리, 소박하기 이를 데 없는 현지인들, 그리고 푸르른 풍경까지 이곳을 둘러싸고 있는 모든 것이 소중하다. 마을이 그렇게 크지 않아서 대부분의 명소를 편안하게 걸어서 다닐 수 있다. 여행자를 위한 숙소나 식당도 잘 마련되어 있어서 불편함이 없다.

"싸바디"를 외쳐야 예의가 아닐까요

새벽 다섯 시 반. 루앙프라방 곳곳에서 주황색 승려복의 물결이 일렁인다. 탁발을 위한 행렬이다. 루앙프라방에 도착

해 가장 먼저 만나게 되는 풍경이 아닐까 싶다. 매일 새벽마다 루앙프라방의 사원에서는 수많은 승려들이 마을을 다니며 아침 식사를 공양 받는다.

잠이 깨지 않은 거리로 스님들이 하나 둘 나오기 시작하더니 이내 긴 줄이 만들어진다. 평생 한 번 올까 말까 한 루앙프라방을 찾은 서양 여행자들은 너도 나도 할 것 없이 왼손에 대나무 밥그릇을 들고 주황색 스님들을 기다린다. 무릎 꿇는 것이 익숙하지 않은 그들이지만 오늘 하루만큼은 정성을 다하는 모습이 보기 좋다. 유네스코 여행지에 여행을 온 사람들답다. 새벽을 잊은 저들에게 커다란 복이 찾아오길.

탁발 외에도 이곳에서는 종교를 만날 수 있는 기회가 많

다. 거짓말 조금 보태서 사거리 하나 지날 때마다 사원을 만난다 해도 과언이 아니다. 불교 국가답게 정말 사원이 흔하다. 그 가운데 누구나 들른다는 사원 '왓 시엥 통'이 가장 유명하다. 햇빛을 받으면 찬란하게 빛나는 황금색 지붕을 자랑하는 이곳은 1560년에 세워진 유서 깊은 곳이다.

입구에는 만발한 분홍색 꽃들이 마중하듯 바람에 살랑거린다. 붉은 기와를 얹고 있는 사원으로 들어서니 맨발을 한 라오스 사람들이 두 손을 가지런히 모으고 간절히 기도를 올리고 있다. 여행자도 그들 곁에 앉아 손을 모아본다. 사원 맨바닥이 시원해 한참을 앉아 있다 나섰다.

여행자들은 사원 안으로 자유롭게 들어갈 수 있는데 승려들이 묵는 기숙사나 식당을 제외하고 대웅전이나 부속 건물에는 들어가서 사진도 찍을 수 있다. 사원을 찍다보면 밝은 주황색 승려복을 입고 지나다니는 학생 승려들을 만나곤 한다. 워낙 많은 관광객들에게 지쳤는지 촬영을 거부하는 학생들도 있다. 살짝 눈인사 정도 하고 라오스 말로 "싸바디"를 건네고서 카메라를 드는 것이 예의가 아닐까.

소박한 해프닝이 끊임없이 스쳐가는 곳

루앙프라방 여행자라면 모두 뜨거운 햇살과 무더위를 느끼게 된다. 그래서 가장 더위가 기승을 부리는 점심시간에는 모든 여행자들이 숙소나 카페에서 태양이 식기만을 기다린다. 그런데 오늘따라 이 시간이 아쉽게 느껴졌다. 종교만큼이나 유명한 자연경관이 있는데 무엇을 망설인단 말인가. 결국 메콩 강 크루즈를 즐기러 나가기로 결. 심. 했. 다.

크루즈라고 해서 거대한 유람선 같은 걸 기대하는 것은 금물. 정수리를 직각으로 후려치는 태양을 피할 파란 지붕 정도 달린 보트일 뿐. 이명이 있어 안 그래도 고통스런 귀가 루앙프라방을 걷다보면 "보트! 보트!" 하는 소리에 지쳐간다. 그래

도 바라나시의 "보트! 보트!"보다 많이 젠틀하고 순박하니 참을 만하다.

햇볕을 가려줄 보트 지붕이 더 없이 반갑다. 거친 물살을 이리저리 헤치며 올라가는 보트가 마치 파란 뱀 같아 보인다.

루앙프라방을 방문하면 반드시 들러야 한다는 대표적인 패키지 상품 중 하나인 빡우 동굴. 이곳이 비용과 시간 지출에 비해 별 소득이 없다는 정보를 미리 입수했다. 유명하지만 식상한 곳이 되어버려 아쉽지만 난 다른 루트를 찾아두었다.

메콩 강 한 시간짜리 투어를 기사에게 부탁했다. 보트 기사한테는 조금 미안했지만 6년 전 루앙프라방에서 48시간 동안 메콩 강을 거슬러 올랐던 경험이 있어 한 시간이면 기분내기에 충분하다고 생각했다.

메콩 강을 20여 분 거슬러 오르던 보트는 되돌아간다며 순식간에 앞머리를 틀었다. 물살이 얼마나 센지, 배를 돌리고 나서는 흐르는 물을 따라 유유히 흘러나가면 그만이다. 엔진을 끄고 방향타만 잡은 기사는 강기슭 작은 사원 앞 모래톱에 배를 박았다. 그리고 가파른 계단을 오르면 동굴이 있다며 다녀오란다. 빡우 동굴 말고 또 다른 작은 동굴이 있다고 들었는데, 이런 친절하기도 하셔라.

그런데 동굴 정문은 굳게 닫혀 있었다. 땀을 잠시 식히며

강을 바라보는데 깜장 강아지가 한 마리 다가온다. 주황색 수건을 어깨에 걸친 어린 승려도 같이⋯. 검정 우산과 검정 강아지 그리고 주황색 승려가 함께 서 있는 풍경 앞에서 나는 잠시 주춤거렸다. 꼬마 승려의 미소에 머리가 맑아지는 느낌을 한껏 받았다. 배가 나를 두고 떠나도 모른 척하고 싶다.

 강아지와 강가로 내려가는 동자승을 따라 보트 쪽으로 계단을 내려간다. 문이 닫힌 동굴을 보고 오라며 등 떠민 보트기사는 별다른 표정의 변화도 없이 다시금 배를 몰아간다.

메콩 강 주류를 벗어난 곳의 수면은 다림질을 해놓은 듯 잔잔했다. 이곳에는 낚시를 즐기기보다 먹고 살기 위해 고기를 잡는 사람들이 띄엄띄엄 보인다. 멀리서 주황색 승려복이 넘실넘실 물 위에서 춤을 춘다. 아마도 학생들이 점심을 빨리 먹고 남은 시간 물놀이를 하러 나온 모양이다.

꽤 길 것 같았던 뱃놀이 시간은 메콩 강의 흐르는 속도에 맞춰 후딱 지나갔다. 한국 음식을 제공하는 빅트리 카페로 가기 위해 근처에 배를 세웠다. 아버지와 아들이 물속에 들어가장대나무 그물을 이용해 고기를 잡는 멋진 풍경과 마주한다.

사진을 찍는 내 등 위로 내리꽂는 햇살로 고통이 몰려오지만 생소한 풍경 앞에 열심히 셔터를 눌러댔다. 한참을 앉아 지켜보니 빈 그물이 연거푸 올라오는 것을 보며 이들이 낚는 것이 고기가 아니라 힘겨운 현실이 아닌가 싶었다.

루앙프라방 곁을 힘차게 흐르는 메콩 강을 보고 있으면 비록 빛깔이 탁할지라도 시원하게 흐르는 물살에 나도 모르게 빠져든다. 시원한 그늘에 앉아 바람을 맞으며 강을 바라보고 있으면 바람에 강물이 흐르듯 내 몸도 어디론가 시원하게 흘러가는 기분도 든다.

멀리서만 바라보기엔 강의 깊이를 가늠할 수 없어 강가로 내려가 본다. 점점 물살은 거세지고 이리도 강한 물살이라면 튜브 하나 빌려서 내 몸을 던지고 싶다. 물빛만 보고 예상했던 악취는 전혀 나지 않은 걸로 봐서 상류의 황토가 메콩의 색을 만들었나보다. 그렇다고 믿을 만한 청정수는 아닌 것이 강변 집들에서 여과되지 않고 흘러나오는 오수들을 볼 수 있다.

한 시간짜리 시원한 뱃놀이에, 구름을 낚는 대나무 부자, 문 닫은 동굴 앞에서 만난 주황색 수건 꼬마 승려까지.

루앙프라방이 이렇다. 뭔가 한 가지 하려고 하거나 둘러보려고 하면 이것저것 기대하지 않고 예상하지 못했던 일들이

소박하게 일어나는 곳. 해프닝이라 할 만한 잔잔한 일들이 나
를 더욱 설레게 하는 곳이 바로 루앙프라방이다.

　－ 열심히 일한 당신이여, 이곳으로 떠나라. 당신이 상상하
　　는 이상의 평온함과 안락함이 준비되어 있으니. 루앙프
　　라방은 당신 곁에 앉아 어깨 한 쪽을 내어주는 여유마저
　　보여줄 터이니.

교토_ 일본 *Dec. 3rd, 2011.*

그녀가 보고 싶습니다

괜한 마음일까. 일본은 언제나 가깝지만 불편한 것이 사실이
다. 역사적, 정치적 문제를 일반화시키는 오류를 범해서는 안
될 것이고, 대부분의 일본인들이 그렇게 생각하는 것도 아닌
데 이상하게 그렇다. 이건 나의 솔직한 심정이다. 그래서 일
본 여행은 언제나 주저하게 된다.

　해외여행을 처음 하게 되는 수많은 초보 여행자들이 일본
을 선택하는 것은 사실이다. 가깝고도 더없이 먼 나라 일본.
그 어떠한 편견이나 선입견 없이 일본 여행에 나서기로 했다.
아름다운 것은 아름다운 것이고, 내 마음은 내 마음이니 둘을
별개로 여길 줄 아는 '마음 다스림'이 정말 필요한 나였다.

다녀온 사람들이 하나같이 추천하는 곳 교토가 오늘의 여행지. 3박 4일 일정으로 떠났다. 역사적으로나, 지형적으로도 너무나 아름다워 입을 다물지 못하는 곳을 꼬닥꼬닥 걸어보기로 했다. 교토 하면 우리나라 경주와 많이 닮았다고들 한다. 오사카는 부산. 물론 오사카와 교토는 붙어 있어서 당일치기 여행이 가능하고, 부산과 경주는 쉽게 당일 코스로 떠날 수 없다는 차이점이 있지만.

꼭꼭 숨었나, 머리카락도 안 보이네

교토에서도 더없이 고색창연한 분위기를 한껏 느낄 수 있는 기온 거리. 이곳에서 교토의 게이샤로 알려진 게이코들의 사진을 찍고 싶었다. 첫날은 그녀들이 거리에 꽤 다닐 것이라 생각해 무계획으로 정처 없이 길을 헤매기만 했다. '도대체 그녀들은 어디 있는 것일까.'

기온 거리는 게이코를 가장 쉽게 만날 수 있는 곳으로 유명하다. 우리가 흔히 알고 있는 게이샤는 일본 한자로 '예술가'란 뜻을 지니고 있다. 그래서인지 일본 사람들도 게이샤를 만나면 외국인들 못지않게 카메라를 들이대곤 한다.

　　그러니 이곳에서는 게이샤를 게이코라고 부르는 게 맞다. 게이코가 되려면 5년 정도 견습생으로 생활해야 하는데 이때는 마이코라고 불린다.

　　2차 세계대전 이전 교토의 게이코 이야기를 다룬 영화 〈게이샤의 추억〉을 보기 전까지 게이샤라 하면 흔히 몸을 파는 여인으로만 알고 있었는데 교토 여행을 통해 이것이 지리멸렬한 무지였다는 사실을 알고서 많이 부끄러웠다. 이래서 편견과 선입견은 무서운 것이며 이를 깨는 데 여행이 참으로 중요한 수단이 될 수 있다는 사실에 또 한 번 놀란다.

　　여행은 칠판 없는 교실이요, 선생님 없는 수업이라는 말이 딱 들어맞는다.

　　역시나 12월이라 날씨는 쌀쌀했다. 하지만 기온 거리를 오가는 내 발에는 땀이 흥건했다. 기온을 걷고 또 걸었다. 잠시 게이코를 기다린다는 핑계로 쉬어보기도 하지만 말이 휴식이지 촉각을 곤두세우고 어디서 튀어나올지 모르는 게이코를 기다리는 것이다. 두리번두리번.

미나미자 극장 앞에서도 기다리고 게이코 출연이 잦다는 하나미코지 앞에서도 기다린다. '저쪽에 보이는 자전거 옆에 게이코나 마이코가 걸어 가주면 금상첨화일 텐데.' 기다리는 마음이 애틋해진다. 좁은 골목을 닮은 좁은 간판이 곳곳에서 보인다.

이곳이 게이코가 일하는 곳이다. 인기척이 느껴진다. 게이코인 줄 알았는데 기모노를 입은 관광객이었다. 비슷한 치마만 봐도 게이코가 아닌가 싶어 셔터를 누르느라 마음이 급해진다. 물이 뿌려진 골목길을 바라보며 저곳에서부터 총총히 걸어온다면 바로 찍을 수 있을 텐데, 라는 생각이 들지만 물기가 마르고 닳을 때까지 나타나지 않는 그녀들. 인력거에 게이코가 타고 있나 스윽 쳐다봤더니 역시나 또 관광객이다.

거리에서 한참을 기다리는데 게이코가 보이지 않아 힘이 점점 빠져갔다. 시간이 이르기도 했지만 쌀쌀한 날씨도 한몫했다. 여름에는 늦게 땅거미가 내리기 때문에 늦은 시간까지도 훤한 거리를 걷는 게이코를 담을 수 있지만 겨울에는 다섯 시면 해가 떨어진다. 술집이 문을 여는 시간이면 이미 거리는 검은 옷으로 갈아입은 상태다.

땅거미가 기온 거리를 검게 물들여도 게이코는 끝내 나타나지 않았다. 일행 중 게이코를 봤다는 사람도 있었는데 기온

에 수많은 골목길 중 어디서 게이코가 우아하게 문을 열고 걸어갈지는 아무도 모르는 일. 커다란 망원렌즈를 끼운 카메라를 메고 있는 모습이 마치 사냥감이 걸리길 기다리는 한 마리의 맹수 같았다.

한 집 걸러 한 집이 술집일 정도로 술집이 가득한 기온 거리, 그런데 아직 손님들이 들 시간이 아니라 게이코의 움직임도 없었다. 아, 게이코, 게이코, 게이코. 주문처럼 외워보는데도 한 번 맞닥뜨리지도 못한다. 믿는 만큼 이루어지고 간절히 원하면 결실을 맺는다고 했는데 게이코와는 아닌가보다 싶었다.

그래도 괜찮다. 교토는 가까운 곳이니까. 다음에 오면 되니까. 그런데 난 무슨 이유로 이렇게나 게이코를 렌즈에 담아내고 싶어 하는 것일까.

그런데 크악. 마음을 깔끔히 비우고 뒤돌아가려는 찰나, 멀리서 종종 걸음으로 걸어오는 그녀. 렌즈를 갈아 끼우는 사이에 내 앞을 스쳐 지나간다. "어, 어, 어, 어." 단아한 뒷모습을 가진 그녀, 마이코인지 게이코인지 분간이 가질 않지만 역시나 그녀였다. 역시나 뒷모습… 목 위까지 하얀 분칠이 되어 있기에 더없이 인상적이다.

그래, 언제 또 교토에 오겠는가. 전 세계를 훑고 다니는 내

게 특정 지역으로 다시금 여행을 온다는 것이 그리 쉬운 일은 아니기에 게이코 사진에 대한 갈망이 다시 타올랐다. 심지어 그녀를 보지 않았던가.

다시 게이코를 담고 싶은 욕망에 폰토초 거리를 걷는다. 오랜 시간을 걸었지만 멋진 사진을 담지 못한 부담에 맥주 한잔 마시고 다시 거리로 나선다. 맥주 한잔에 알딸딸해진 취기는 포커스를 흐릿하게 만들었다. 너무 갑자기 나타난 그녀가 얄밉다.

구글 어스를 통해 기온 부근을 검색해보면 술집 표시가 빽빽하게 떠오른다. 그만큼 술집이 밀집한 기온 지역인데 왜 그녀는 나에게만큼은 다가오질 않는 것일까. 결국 아쉬움을 뒤로 하고 게이코와의 숨바꼭질을 마무리한 채 숙소로 돌아왔다. '아, 너무나도 보고 싶은 그녀들이여.'

야이, 고요한 아침을 방해하는 나쁜 님들아

다음날 아침, 날씨가 더없이 청명하다. 오늘은 어제와 다른 교토다. 달라진 교토를 맞이하러 숙소를 나섰다. 발걸음도 가볍다. 다른 신발을 신은 듯.

교토 여행의 진정한 사치는 럭셔리한 호텔도, 편안한 렌트카도 아닌 '한적한 교토'를 만나는 것이다. 막 도착한 겨울과 막 떠나버린 가을 사이의 교토를 걷고 또 걸었다. 교토의 가을을 걸었던 기억을 더듬어가며 사치스러운 여행자가 되어본다. 줄을 지어 걸어야 할 정도로 복잡한 거리 폰토초, 오늘은 점박이 우산을 쓴 여인 혼자로구나. 우연히 맞닥뜨린 술집 벽면이 예술이다. 아티스틱한 패턴이 가득해 눈을 뗄 수가 없다. 걸어가던 그녀가 다시금 내 카메라 렌즈 안으로 들어왔다.

천천히 아라시야마로 향한다. 아라시야마는 교토 서쪽에 위치한 산이다. 대나무와 단풍나무가 사이좋게 어우러져 있어 언제 방문해도 감탄을 자아낸다. 아라시야마에는 유네스코에서 지정한 세계문화유산 사원이 있고 그 뒤편으로 대나무 숲이 올곧게 뻗어 있다.

한눈에 봐도 여긴 어디서 많이 본 장소다. 이렇게 빼어난 풍경을 카메라에 담을 수 있다는 사실에 감사할 뿐이다. 너무 이른 시간에 왔더니 아직 대나무 사이로 헤집고 들어오는 빛이 적다. 대나무 밭이 어둡다면 주변 단풍나무 밭으로 이동하면 된다.

12월에 교토는 가을의 절정을 달린다. 발길이 닿는 곳 어디라도 멋진 풍경이 있으니 마음 가는 방향으로 걸음을 옮겨 보자. 아무도 없는 이른 시간을 즐기려면 새벽 여섯 시까진 아라시야마에 도착해야 한다.

그런데 중국인 관광객들이 파도처럼 밀려왔다 밀려가더니만 이번에는 한국인들이 몰려온다. 소음이 중국인 못지않게 크다. 발걸음조차 가만히 내딛어야 하는 아라시야마에서 어떻게 그런 소음을 낼 수 있을까. 그들에게 다가가 입술에 손가락을 대며 조용히 해달라고 했다. 하지만 잠시뿐이었다. 내가 떠난 숲에는 그들의 목소리가 대나무 높이만큼 하늘로, 하늘로 치고 올라갔다.

산토리니_ 그리스 Nov. 10th, 2012.

여보, 당신을
이 세상에서 제일 사랑해요

우리 아버지, 어머니 세대는 결혼하시고 신혼여행은 다녀오
셨을까? 그러고 보니 그런 의문점이 문득 들었다. 먹고 살기
바쁜 현실의 벽에 부딪혀 결혼식 사진조차 없는 두 분을 위해
이 여행을 준비했다. 영화 〈맘마미아〉의 배경이 되었던 그
곳, 파란색과 흰색이 절묘하게 어우러지는 그리스 산토리니.

　79세 아버지와 73세 어머니가 배낭을 메시기로 한 것이다.
어머니의 경우 배낭이 어머니보다 더 큰 것이 아닌가 싶을 정
도라 안쓰러워 보이기까지 했다. 하지만 지난번에 아들과 함
께 멀리 다녀오시고 난 후 부랴부랴 버킷리스트를 만들어 해
외 배낭여행을 집어넣으신 건 무엇 때문이었을까. 열 가지

리스트 중 여덟 개가 해외여행인 이유는 무엇 때문이었을까.
(하하)

특히나 어머니는 해외로 떠난다고만 하면 10대 소녀가 되어 볼이 발그레해지신다. '아, 더 자주 모실 걸.' 한 편으로 생각해보면 난 불효자였나 보다. 이렇게 좋아하시는 걸 이제야 알게 되다니.

엄마는 여전히 10대 소녀

어머니는 그리스 섬 여행을 하고 싶어 했고, 아버지는 터키 여행을 기대하셨다. 우선 2주 일정으로 그리스부터 고고씽. 배낭을 메고 캐리어를 끌며 아테네에 도착했다. 공항에서부터 어머니는 저만치 앞을 부산스럽게 달리듯 걸어가신다. 이미 신나신 듯. 아버지는 이리저리 둘러보시느라 발걸음 옮기는 것부터 쉽지 않다. 저렇게 다른 두 분이 어떻게 이렇게나 오랫동안 함께 사셨는지 신기하기만 하다.

　숙소에 짐을 내려놓기가 무섭게 어서 나가자고 어머니의 성화가 빗발친다. 아크로폴리스와 제우스 신전 등 신화 속 신들이 기거했던 곳부터 찬찬히 돌아보기로 했다. 잠시 쉬고 싶다고 말하고픈 마음이 목구멍을 넘어왔는데 10대 소녀의 모습을 한 어머니가 너무 예뻐 보여 얼른 신발 끈을 질끈 동여맸다.

　신전에 도착하자마자 어머니가 한 마디 하신다.

－ 석환아, 여기는 돌멩이밖에 없네. 무슨 이런 데가 다 있을까.

－ 옛날에 철이나 시멘트로 건물을 만든 게 아니니까 돌밖에 없지요, 엄마는 참.

－ 아이고야. 그런데 뭐 이런 데가 그리 유명하다는 건가 모르겠네. 뭔가 대단한 게 있을 줄 알았는데 아무 것도 없는데 무슨 사람은 이리도 많나.

－ ….

그리스에 대해 아는 것이라고는 거의 없는 어머니지만 그래도 후루룩 후루룩 열심히도 둘러보신다. 그리스라는 나라

이름부터가 생소했는데 어떻게 아시고 그리스 여행을 가자
고 하신 건지 미스터리다.

인 더 트레인 투 메테오라

신들이 옹기종기 모여 살았을 법한 마을 메테오라로 가는
날은 하필 대중교통이 24시간 파업 중이었다. 국가 부도로 하
루하루가 위태로운 날들이 이어지는 그리스. 버스, 지하철은
파업에 참여했지만 기차는 다행히 빠졌다. 말이 빠르고 무표
정한 그리스 역무원들, 급여를 몇 달째 못 받은 표정을 하고
있었다.

힘겹게 기차표를 손에 쥐고 기차에 올랐다. 기차가 역을
빠져나가는데 샘이라도 내듯 몰려오는 먹구름이 비를 세차
게 뿌려댄다. 제법 강한 비가 내렸다. 이제 다섯 시간을 가야
한다. 왕복으로는 10시간.

쉽게 설명해보자면 외국인이 서울에서 부산까지 무궁화호
를 타고 이동하는 것과 비슷하다고 생각하면 된다. 산을 굽이
굽이 휘어가는 느릿느릿한 열차가 비를 따라잡을 기세로 힘
을 내보지만 그리스에는 상상 외로 오르막이 많았다.

기찻길을 따라 이어지던 고속도로는 언제 공사가 중단됐

는지 횅한 자연 풍광에 긴 획을 긋다가 만 듯하다. 맑은 날씨였다면 유리창 너머 선명한 풍경을 봤을 테지만 비가 쏟아지는 풍경을 바라보는 것도 나쁘진 않다. 마음을 한껏 차분하게 해주니까. 베를린에서 느꼈던 그러한 감정처럼 역시나 기차 창은 스크린이요, 그 밖은 영화니까. 이번 영화는 〈인 더 트레인 투 메테오라〉라고 제목을 붙여볼까.

메테오라 수도원이 위치한 칼람바카 역에 내렸다. 이번에도 어머니는 쉴 새 없이 달려 나가신다. 아버지는 두리번두리번. 난 뒤에서 그 모습을 바라보며 또 흐뭇한 마음을 지울 수 없어 혼자 낄낄거린다. 역 앞에서 택시를 몇 시간 정도 빌려 탔다. 말이 잘 통하지 않았지만 그는 관광객이 어디를 보고 싶어 하는지 잘 아는 듯했다. 심지어 얼마의 시간이 걸릴지도 완벽하게 꿰차고 있었다.

택시기사의 안내로 수도원을 방문했다. 어마어마하게 큰 돌기둥 위에 자리한 수도원은 마치 돌이 자라서 집이 지어진 것처럼 돌기둥과 하나였다. 그만큼 자연스러웠고 경이로웠다.

지구별에서 보기 드문 풍경이라는 것을 느끼셨는지 어머니는 휴대폰에 끊임없이 사진을 담으셨다. 아버지에게 여기 서봐라, 나에게도 저기 서봐라. 여기를 찍고 저기를 찍고, 찍고 찍고 또 찍고. 아버지는 역사 탐방을 오신 듯 유유자적하

며 돌에 낀 이끼까지 찾아내시는 듯 쉬엄쉬엄 둘러보신다. 역시나 뒤에서 그 모습을 보며 난 흐뭇했다.

고추장, 어떡해

아테네에 돌아왔다. 대중교통 파업은 여전했다. 결국 숙소까지는 택시를 타야 했다. 아테네에서 하룻밤을 더 묵고 에게해의 별빛 같은 섬 산토리니로 이동. 배를 타고 느긋하게 가고 싶었지만 비행기 요금이 배 삯보다 저렴해 비행기를 선택했다. '이런 경우도 있는 것이구나. 배보다 비행기가 저렴하다니.'

영롱할 것만 같은 그리스 섬들이 비행기에서 어떻게 보일지 심히 기대가 됐다. 숙소에서 여유 있게 공항으로 출발한다고 했는데 파업과 데모로 도로가 엉망이었다. 버스도 운행 횟수를 줄여 비행기 출발까지 빠듯했다.

저 멀리 공항이 보이기 시작하자 마음이 더 바빠졌다. 엑스레이 통과를 위해 주머니에 있는 소지품을 가방에 다 넣고 손에는 여권들을 꾹 쥐었다. 비행기 출발 20분 전, 버스 문이 열리고 올림픽에어 카운터로 인정사정없이 돌진했다. 이름도 참 멋져 보였다. 올림픽에어라니.

대부분 승객은 탑승 중이어서인지 카운터는 한가했다. 국제선이 아닌 게 천만다행이었다. 티켓을 수령하고 부랴부랴 보안 검색대로 역시나 인정사정없이 돌진. 짐 검사를 하는데 엄마 배낭에서 커다란 고추장 병이 걸렸다.

　– 엄마, 이런 건, 들고 탈 수 없어요. 진즉 얘기해주시지.
　– 아이고야, 몰랐네. 내가 비행기 못 타는 건 아니지? 비행기 꼭 타고 거기, 어디랬니, 거기 가야 하는데.
　– 잠시만요. 다시 이야기 좀 해볼게요.
　– 잘 좀 얘기해봐라. 고추장 좀 들고 탄다고 무슨 일 있겠나. 위험한 것도 아닌데.

　밖으로 나가 짐을 다시 붙일 여유가 없었다. 당뇨병이 있어 이 소스를 꼭 먹어야 한다고 말해보지만 양이 많아 절대 통과가 안 된다고 완강했다. 비행기는 곧 출발한다고 방송이 나오기 시작했다. 그리스 사람이 먹을 만한 음식이 아닐 테니 쓰레기통으로 들어가는 것일까. 더 설득해볼 여유가 없었다. 우선은 비행기부터 타야 했다. 평소 여유 있는 아버지의 발걸음마저 빨라졌으니 꽤나 급한 상황이었다.
　섬이 징검다리처럼 촘촘히 이어져 있는 에게해. 그곳 어딘

가에 숨을 쉬고 있는 산토리니에 도착했다. 멋진 노을이 건너편 창에 간간이 비치긴 했는데 아테네에서 마음고생을 했더니 비행기에서 피곤함이 쓰나미처럼 몰려들었다. 결국 몸이 천근만근 무거웠다.

예쁜 아기가 웅크리듯 누워 있는 산토리니 섬이 발밑에서 점점 커져왔다. '저 작은 섬에 뭘 보겠다고 그리 많은 관광객이 찾아오는지.' 10년이 흘러 다시 찾아온 내게 산토리니는 얼마나 반가운 표정을 지을까.

공항에 예약해둔 렌터카를 찾아보는데 마지막 비행기라 공항에 남은 거라곤 우리 가족뿐이었다. 렌터카 회사 부스에 가보니 사람이 없다. 무엇을 해야 할까 두리번거리는데 렌터카 직원으로 보이는 여성이 다가왔다. 어떻게 해야 할지 몰라 기다린 시간이 무색하게 그녀는 키와 서류를 건네주고는 그냥 유유히 멀어져만 갔다. 이것이 바로 그리스 스타일인가?

아직 에게해 수평선에 걸려 있는 노을을 감상하러 서둘러 차를 몰았다. 산토리니가 붉게 물들어 가는 저녁 6시 30분. 산토리니 최북단에 노을이 아름답기로 소문난 마을로 사람들이 몰려가나 보다. 이 작은 섬에 도로 체증이라니.

비행기에서 내내 주무시던 두 분은 차가 막히자 섬에 온 것이 아니라 육지 어디가 아닌지 헷갈려하시며 연신 주변을 두리번거렸다. 6시 30분의 노을이 특별한 것일까. 더불어 지금은 비수기인데 이렇게 인파가 몰리다니. 성수기엔 이 작은 섬 곳곳이 미어터지겠다.

마을 입구에 차를 주차하고 조금 걸었다. 가족끼리 연인끼리 모두 한 곳을 바라보며 노을을 바라보는데 왠지 음악이 듣고 싶어졌다. 산토리니 노을과 잘 어울리는 그리스 뮤지션 야니의 'Santorini'. 노을에 살포시 입혀지면서 오감이 촉촉해졌다. 저만치서 부모님은 두 분만의 분위기를 로맨틱하게 자아

내신다. 각각 이어폰을 귀에 꽂은 채. 무슨 음악을 듣나 가까이 다가가 화면을 보니 어머니는 문주란, 아버지는 고복수의 노래를 듣고 계셨다.

그렇다. 그런 곡이 이곳 산토리니의 6시 30분 노을과 잘 어울리는 것일 수도 있다. 감동이란 지극히 개인적이기에. 더 없이 존중해야 할 개인의 취향이 아니던가.

— 엄마, 이 노래 한번 들어봐요. 내가 좋아하는 음악가인데 이 섬에서 이 음악가가 만들었대요. 제목도 '산토리니'구요.

야니의 음악을 조금 듣더니 다시 문주란 노래를 찾는 어머니. 갑작스레 눈가에 눈물이 고여 있었다. '무슨 일이지.' 노래를 들으며 노을을 바라본다는 감동 때문이었을까. 아무 말도 하지 않지만 지극히 많은 이야기를 들려주시는 듯 눈가에서 모든 것이 드러나 있었다.

우리는 조금 더 가까워졌다

2박 3일 일정으로 이곳을 찾았다. 평온함과 안식을 느끼고 싶었다. 하지만 첫날 관광객들에 치여 더 이상 돌아다니고 싶지 않았다. 다음 날은 렌터카를 몰아 남쪽으로 내달렸다. 북쪽보다는 확실히 한가한 풍경과 마주했다. 바람은 더 시원했고 햇살은 더 따가웠다.

아크로티리 마을에 사람이라곤 우리 가족이 전부였고 산

토리니의 파노라마를 즐기기 적당한 햇살과 바람이 다가왔
다. 그리스에 있으면 마음가짐과 사용하게 되는 언어들이 시
적이거나 철학적으로 변하나보다. 뭘 해도 그렇게 느끼고 그
렇게 표현하고 싶어진다.

끈적임 없는 바람이 솔솔 불어왔다. 갑자기 부모님께서 과
연 결혼식을 제대로 하셨을까 하는 의문이 들었다. 그러고는
턱시도와 웨딩드레스를 가져 왔다면 또 하나의 멋진 선물을
드릴 수 있었을 거라는 생각이 들었다. 황혼 결혼식이라고 해
야 하나.

그래도 갑자기 지금 입고 계신 옷으로라도 연출을 시도하
고 싶었다. 여행으로 그을린 얼굴이나 알록달록한 아웃도어
때문에 허니문스러운 분위기는 찾을 수 없었지만 두 분이 즐
거워하며 열심히 연출에 따르는 것으로도 따스한 추억이 됐
다. 난 어쩌다 보니 사회 겸 주례가 되어 있었다. 산토리니는
우리 가족을 하나로 연결해주는 데 큰 힘이 되었다.

— 엄마, 아빠. 산토리니 아름답죠?

— 너무 예뻐… 너무 고맙고….

— 다시 결혼한다면 어디로 신혼여행 가고 싶어요?

— ….

두 분 다 답이 없었다.

– 산토리니 섬에는 사랑하는 사람들끼리 온대요.
– 아빠가 얼마나 엄마를 사랑하는데.

갑작스레 아버지가 말을 보탰다. 다소 소원했던 두 분의 관계가 조금 회복되는 듯했다. 여행에서 싸워 등을 돌리기도 하지만 여행에서 소원했던 관계가 풀어지는 경우도 있다. 산토리니의 노을이 아름다워 기분이 좋은 이유도 있지만 이런 풍경을 함께 볼 수 있어 더 행복하다.

지금도 산토리니의 노을을 혼자 보고 있었다면 부모님에 대한 미안한 감정은 더 커져 엽서를 쓰고 있었겠지만 오늘은 함께 걷고 사진을 찍는 것으로 그런 불편한 감정은 전혀 없었다.

그리스에 대해 아무 것도 몰랐던 두 분에게 이곳은 어떻게 기억될까. 노을을 보며 두 분이 처음 만났던 청파동 골목길 노을을 떠올리셨을까? 신혼여행지 1순위인 산토리니에 모시고 오길 잘한 것 같다. 어머니는 말주변이 없고 아버지는 말수가 없어 표현을 많이 하진 않았지만 분명 많은 것을 비우고 채운 시간이었을 것이다.

가족끼리 말이 더 없는 요즘 현실 속에서 여행은
그 벽을 조금은 허물어주는 것 같다. 여행자의 피를
물려준 두 분도 역시 뼛속까지 여행자였다는 것과
두 분의 여행스타일을 알게 되어 다음 여행을 준비
할 때 참고할 거리가 생겼다. 산토리니에서 우리는
조금 더 가까워져 있었다.

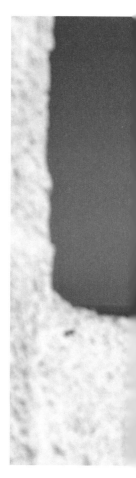

윈난_ 중국 Aug. 15th, 2013.

내 마음이 천국이면
세상이 천국인 것을

영국 소설가 제임스 힐튼의 《잃어버린 지평선》에 등장하는 유토피아인 샹그릴라. 그곳에 가서 무엇을 봐야겠다는 생각도 계획도 없이 막무가내로 도착했다. 왜 지상낙원이라 불리는지 숙제를 풀기 위해 오감이 바빠지려는 찰나, 숙소에 머물렀던 여행자들과 함께 쉐어한 택시 차창 너머로 보이는 티베트 라싸의 포탈라궁 사진. '포탈라 궁이 여기 샹그릴라에도 있었나'라고 오해할 정도로 중국 윈난성에 대해 아는 것이 없었다. '너무 비슷해 보였으니 충분히 오해할 만도 하지.'

포탈라궁을 닮았던 그 사원은 송찬림사라는 티베트 사원이었다. 사원에 들어가려면 셔틀버스를 타야 하는데 매표소

위로 하늘이 마구 붉어지고 있었다. 여행자보다 먼저 왔다가 떠나는 노을을 잡아야 할 거 같아 절 안으로 들어가려 했으나 늦은 시간엔 여행자가 들어갈 수 없다며 군인이 제지했다. 7일이라는 짧은 여정이라 희박해진 산소만큼이나 시간도 따라 희박해져 갔다.

편안함에 익숙했던 나를 깨부수다

다음날 아침, 서둘러 송찬림사로 향했다. 해가 떠오르기도 전부터 사원으로 가겠다며 부산을 떨었던 것이다. 언덕 위에서 사원이 잠에서 깨길 기다렸다. 먼저 도착한 단체 관광객을 피해 좁은 골목길로 들어섰는데 분명 현명한 선택이었다.

골목길 사이사이에는 벌써부터 승려들이 숨바꼭질을 하듯 다니고 있었다. 아직 앳된 얼굴을 한 한 어린 승려는 카메라에 잡힐 듯 말 듯 골목길을, 모퉁이를 헤치고 다녔다. 아침부터 뭐 그리 부산하게 걸어 다니는지, 그것이 수행 방식이라도 되는 듯 바삐 움직였다. 나는 오랜 시간 그를 쫓아다니느라 아침부터 등에서 땀이 줄줄 흘러내렸다.

결국 어딘지 모르는 이곳에서 빠른 걸음을 하는 승려의 보폭을 맞춘다는 것은 어리석은 짓이자 불가능한 일이라 사라지기를 태연히 기다렸다. 이제부터 오롯이 나 홀로 골목길을 마주했다. 아침 햇살이 골목길에 피어난 꽃을 물들이고 빛바랜 것들에게 빛을 뿌리는 이 시간, 송찬림사와 오붓하게 마주하는 아침 풍경은 이곳에서 수행하고픈 충동을 부추겼다.

이리저리 하여 결국은 당도한 이곳. 햇살이 송찬림사의 마당을 가득 채워가자 관광객도 덩달아 마당을 채워나갔다. 중국인들이 제아무리 시끄럽게 떠들어도 승려들은 화단에 물을 주고, 음식을 만들고, 짐을 나르고, 청소를 하는 등 자신들의 소임을 해내느라 이마에는 땀방울이 맺혔다.

망원렌즈를 이용해 그들 뒤를 조심조심 밟아보는데 3,000미터 높이에 자리한 사찰이어서인지 계단 10개를 오르는 데도 산소 부족을 느낄 정도로 쉽지 않았다. 이른 아침부터 공복에 발 빠른 승려를 쫓아다니느라 이미 몸은 방전이 되어 잠시 쉬어간다.

칠이 벗겨진 문 앞에는 엉덩이의 반도 걸쳐지지 못할 것

같은 작은 의자에 앉아 보니 맨 바닥에 앉는 것보다는 편안했다. 하지만 제대로 앉지도 못할 만한 의자여서였는지 곧 다리에 쥐가 나려고 한다. 편안함에 익숙했던 몸이 마구 뒤틀린다.

무엇을 하든, 내가 어느 곳에 있든

엄청난 인파에 떠밀려 사원을 나오게 됐다. 셔틀버스 앞에는 이미 몇 번을 휘감은 줄이 보였다. 셔틀버스는 자주 송찬림사에 올 것이고 나는 다음을 기약할 수 없으니 아쉬운 마음을 달래고자 앞산을 올랐다. 앞산에서 바라보이는 송찬림사의 파노라마를 아는 몇몇 여행자들이 띄엄띄엄 언덕에 서서 풍경을 품고 있었다.

지붕이 온통 금으로 치장된 모습을 보노라니 과연 샹그릴라구나 싶었다. 조금 밑으로 천천히 시선을 돌려보니 새벽부터 걸었던 길들이 눈에 들어왔다. 혼자 승려를 쫓아 다녔던 골목길엔 검은 머리카락을 한 관광객들이 줄을 지어 걷고 있었다.

이른 새벽 가쁜 숨을 몰아쉬며 걸었던 골목길과 그 길을 채우고 있던 빛바랜 문과 창틀, 그리고 승려와 숨바꼭질하듯 보냈던 송찬림사의 아침이 나에게는 샹그릴라였다고 말하고 싶다. 그렇지 않은가. 천국은 내 마음에 달려 있는 것이라고. 내 마음이 천국이면 지금 살고 있는 이 세상이 천국인 것을. 딱 그 마음가짐이 이곳에서 느껴졌다. 무엇을 하든 이런 마음으로 삶을 살 수 있다면 얼마나 좋으련만.

방콕_ 태국 Aug. 7th, 2014.

엄마는
에브리데이 싱글벙글

수술이 길어졌다. 내가 아니라 로맨티스트인 나의 엄마 말이다. 오랜 시간 병상에 누워 있던 엄마를 위해 다시금 해외여행을 기획했다. 특히나 지역 시장을 둘러보고 싶어 하시는 눈치라 조금 더 신경을 써야 했다. 결국 최종 여행지는 태국의 방콕.

한국에서 그리 멀지 않기 때문에 엄마에게 후유증의 위험은 적은 편이라 안심이 되었다. 더불어 너무나도 좋아하는 시장이 오밀조밀 재미있게 펼쳐져 있는 도시라 주저할 필요도 없었다. 태국인들 특유의 와자지껄한 분위기를 엄마는 더없이 좋아할 터.

　시장을 둘러보다가 저렴하지만 알찬 마사지도 받고, 태국 최고 음식인 똠양꿍까지 곁들인다면 1석 3조가 아니겠는가. 그래도 엄마는 시장이 1순위라며 주섬주섬 캐리어를 챙기며 연신 싱글벙글이다.

　　－ 엄마, 아픈 거 맞아? 정말 아프니까 청춘이 된 거야?
　　－ 얘가, 뭔 소리 하는 거야. 얼른 챙기기나 해.

기차는 런웨이를 미끄러지듯

　방콕에 오면 자연스럽게 들리는 곳이 시장이다. 워낙에 시장이 많기도 하고 야시장도 유명하니까. 방콕과 방콕 인근에는 관광객의 발길을 기다리는 시장들이 곳곳에 자리하고 있다. 짜뚜짝 주말시장, 남던사두억 수상시장, 아시아티크 야시장 그리고 기찻길 양옆으로 펼쳐진 매클롱 기찻길시장을 손

에 꼽을 수 있다. 매클롱이라 하면 잘 모르고 '위험한 시장'이라고 해야 다들 알아듣는 눈치다.

　매클롱 기찻길시장이 '위험한 시장'이라 불리는 데는 이유가 있다. 기찻길을 사이에 두고 노점이 빽빽하게 펼쳐져 있기 때문이다. 이 기찻길은 지금도 '진짜' 기찻길이다. 기찻길 양쪽에 고기, 생선, 채소가 담긴 소쿠리들이 가득하고 현지인과 관광객이 뒤엉켜 좁은 철로 위를 줄을 서서 이동해야 할 정도다.

이렇게 발 디딜 틈 없는 시장 골목길에는 형형색색의 천막이 드리워져 있는데 하루에 네 번 기차가 지날 때마다 파란 하늘이 열리는 장관이 펼쳐진다. 그 시간만큼은 시장을 보러 온 사람들도, 물건을 파는 상인들도 흥정을 멈추고 기차가 지나가길 기다린다. 곁에서 보기는 꽤나 운치 있고 낭만적인데 현지인들에게는 이미 일상이 되어버린 것은 어쩔 수 없겠다.

사람들이 워낙 가까이 있어서 안전을 위해 기차는 느리게 운행한다. 여기가 종착역이라 서행하는 것이겠지만 시장을 벗어나서도 기차는 시속 30킬로미터를 넘기지 않는다. 매클롱 기차역으로 천천히 굴러가는 모습이 마치 패션모델이 런웨이에서 워킹하는 듯 보인다.

수많은 관광객의 카메라 세례에 당황하지 않고 기차는 멈춰 섰다. 관광객에게는 기차에 올라 사진을 찍는 기회가 주어진다. 쪼그려 앉아 있던 상인들도 기차가 지나갈 때는 허리를 펴고 스트레칭을 해댄다. 시장에는 생선, 고기, 채소가 뒤엉켜 있다. 지나가다 하나 사 먹은 망고스틴은 냉장고에 넣어둔 것도 아닌데 시원한 맛이다.

엄마, 시장 투어라니까

'위험한 시장'이 기찻길 위에 있다면 담넌사두억 시장은 물 위에 있다. 일명 '수상시장'이다. 태국 여행에서 가장 재미있을 것 같아 기대하고 찾았다. 엄마는 무조건 어딜 가더라도 아들과 함께라면 다 좋다며 여행을 확정하는 날부터 싱글벙글이다. '우리 엄마가 이렇게나 잘 웃는 분이던가. 자주 모시고 와야지. 이렇게나 좋아하시는데.'

수상시장에서는 걸어서 이동할 수가 없다. 그럼 어떻게 구경해야 할까? 배를 타고 가다 물건에 관심을 보이면 상인이

끌개 같은 걸로 배를 잡아끈다. 상인에게 배가 붙잡혔으니 마음에 안 들어도 뭐든 하나 사야 배를 놔줄 것 같지만 살 것 없다고 손사래를 치면 쿨하게 보내준다. 태국어는커녕 영어도 한 마디 못하는 엄마는 이미 시장 행차에 잔뼈가 굵어서인지 어떻게든 하나 팔아보려는 태국 상인들을 거뜬하게 물리친다. 그러면서 보고 싶은 것은 다 보는 담대함까지. 우리 엄마 최고.

그런데 이게 웬일인가. 엄마가 빈손으로 시장을 떠난다. 제아무리 필요 없는 것들뿐인 시장일지라도 뭐라고 하나 사실 줄 알았는데. 사실 그랬다. 시장이라고 해서 엄마에게 다 같은 시장은 아니었던 것이다. 너무 관광화가 되어버린 시장이라 시시한 물건들뿐, 살 만한 것도 없었고 가격도 비싸 보여 엄마는 망설였던 것. 결국 시장 한가운데로 흐르는 물을 따라 우리도 흘러나오듯 한 바퀴 돌고 망고 몇 조각 먹는 것으로 시장투어는 끝이 났다.

– 엄마, 이 시장은 재미가 없어?
– 시장에 왔으면 걸어 댕기면서 이집 저집 왔다 갔다 해야 재미지 이건 뭐 당최 물건을 볼 수도 없고 그러네.
– 한국 시골 장이 훨씬 좋아?

– 외국에 왔으니 독특한 시장 구경도 재미나기는 하다. 근
　데 아들 손잡고 이렇게 다니니까 더 재미있네. 넌 뭐 살
　거 없던가. 돈 걱정 말아라. 엄마가 하나 사주꾸마.
– 글쎄. 살 게 있던가. 난 엄마 하나 사주려고 암 말 없이 계
　속 졸졸 따라 다녔는데. 아무 것도 안 사실 줄은 몰랐네.

　시장만 구경하려니 피로가 밀려온다. 그래도 괜찮다. 여긴
방콕이다. 마사지 숍은 널렸으니까! 태국에 오면 반드시 경험
해보는 타이 마사지. 머리부터 발끝까지 지압으로 하는 방식
이다. 한국에서는 비싸서 쉽게 오기 힘든데 이곳에서 엄마를
위해 사치 한번 부려본다.

　태국에서는 우리 돈으로 3,000원이면 충분히 한 시간 정도
마사지를 받을 만하다. 처음에는 몰랐던 엄마가 이 사실을 알
고서는 마사지 마니아로 변신한다.

– 아이고야, 아들아. 오늘은 마사지 받으러 안 가나. 어깨
　가 찌뿌둥하네.
– 석환아. 오늘은 이상하게 팔이 욱신욱신 하네.
– 옴마나, 참 신기하기도 하제. 오늘은 이렇게나 다리가
　아프다.

하루 여섯 시간 동안 시장 투어를 마치고 마사지를 받고 있으니 방에 콕 처박혀 나가고 싶은 마음이 싹 사라졌다. 그런데 우리 엄마. 시장 투어를 위해 방콕에 왔다가 마사지 투어로 바꿀 기세다. 그래도 참 다행이다 싶었다. 이렇게 좋아하시는데. 이렇게나 함박웃음이 떠나질 않는데. 내 즐거움만을 위해서 여행을 다닐 것이 아니라 엄마 손잡고 자주 여행 다녀야겠다는 마음을 먹었다. 그러고 보니 이집트에서 했던 다짐을 하나씩 지켜나가는 듯하여 마음이 후련하다. 아, 나도 효자 소리 좀 들을 수 있는 것일까. 엄마는 이런 내 마음도 모르고 연신 또 싱글벙글이다. 마사지 받느라.

이건 웬
날벼락이란 말인가

가파른 도시를 둘러볼 만큼 몸 상태가 썩 좋진 않았다. 세계를 여행하다보면 늘 두려운 것이 있다. 아. 플. 때. 한국에서 파는 약은 한국 사람에게 유독 잘 드는 듯하다. 그래서인지 타지에 왔을 때 먹게 되는 약이 같은 성분인 것 같은데도 나에게 들지 않을 때가 있다.

그렇다고 해서 쉽게 찾을 수 있는 것도 아니다. 어떤 나라는 약국을 찾기가 시장 바닥에서 바늘 찾는 것처럼 쉽지 않을 때도 있다. 물론 내가 아프니 누구보고 대신 약을 사오라고 할 수도 없다. 이런 어려움이 여행 중에는 늘 발생하곤 한다.

시간이 지나고 나서는 이런 이야기들을 무용담처럼 늘어

놓을 수 있지만 그 당시에는 정말 갑갑하고 괴롭고 힘들기만 하다. 그런 날 다른 곳으로 이동해야 한다면 내 정신이 아니기도 하고, 앞뒤 구분조차 쉽지 않을 정도로 지쳐만 간다. '난 도대체 뭘 위해서 이 여행을 하고 있는 것인가' 하는 회의감도 쉴 새 없이 몰려든다.

내 시각으로 평가하지 않기를

역시나 아팠던 만큼 무르갑에서는 잠만 자고 떠나기로 했다. 숙소에서 눈만 살짝 붙이다가 나서는 모습이 일에 치여 주말 내내 집에서 잠만 잔 월요일 출근 시간의 대한민국 직장인 같았다. 어제 길에서 이리저리 치였던 시간은 큰 배낭 멘 직장인으로 나를 변신시켰다. 물론 그다지 변신하고 싶지 않은 '나'이지만.

당일 아침, 컨테이너가 즐비한 시장을 향해 터벅터벅 걸

었다. 하늘색 우물가를 지나는데 빨간 점 하나가 걸음을 잡
는다. 일본에서 만들어준 우물가였음을 보여주는 일본 국기
였다. 대단하면서도 얄미운 빨간 점이었다. 언젠가 이곳에서
태극기를 볼 날이 오겠지. 그렇게 될 거라 굳게 믿어본다.

　아침 여덟 시. 아직 호로그로 떠난 차는 없었다. 다가오는
기사들에게 똑같이 질문을 하기 시작했다.

－ 몇 사람 모았나요?

　새벽부터 나와 사람을 모았던 키 크고 젊은 청년이 오늘 호로그로 떠나는 첫 택시다. 그의 차에 배낭을 넣어두고 가벼운 몸놀림으로 컨테이너 시장을 걸어 다녔다. 그 유명하다는 컨테이너 카페는 찾지 못했다. 조금만 부산을 떨었더라면 쉽게 찾았을 텐데…. 이미 마음은 무르갑에 없었고 빨리 떠나고 싶은 마음만 점점 커져갔다.

　컨테이너 사이사이를 걸어 다니다 보니 타지키스탄 사람보다 키르기스스탄 사람들이 더 눈에 띄었다. 이곳에는 파미르 사람과 키르기스스탄 사람이 산다고 시장에서 장사하던 타지키스탄 남자가 말해주었다. 타지키스탄 사람은 거의 살지 않는데 자기는 돈 좀 벌어보려고 왔다가 재미가 없어 곧 돌아간다고 푸념을 늘어놓는다. 시장 곳곳에 보이는 빈 공간들이 무르갑 시장의 현주소인가 싶어 안타까웠다.

　한 시간이 지났는데도 승객 일곱 명이 채워지지 않았다. 다시 컨테이너 시장을 한 바퀴 돌았다. 아침 햇살치고 강렬한 빛이 몸을 달궜다. 얼른 그늘로 숨어들고만 싶었다. 머리카락으로 가려졌을 거라고 생각했던 이마와 눈가가 심하게 그을려 약간만 인상을 찡그려도 아파왔다. 너무 따가워 손수

건 두 장으로 얼굴 전체를 감싸고 나니 피부는 편해졌는데 현지인 시선이 불편해졌다. 무슨 일 있냐며 다가와 묻는 사람들 때문에 벗어버렸다. 이곳 사람들의 오지랖이란. 아파도 아픈 티를 내지도 못하겠다.

이쉬카쉼의 아프간 바자르에 가고 싶다고 슬쩍 택시기사에게 말을 흘렸는데 그 말이 돌고 돌아 골목길 깊숙한 집에 자고 있던 기사를 깨웠다.

- 이봐요. 내일 친척 두 명을 태우고 와칸 계곡을 지나 아쉬카쉼까지 갈 예정인데 100달러만 내시오.
- 헉 뭐가 그리 비싼가요. 그렇게 낼 돈이 없어요.
- 원래 400달러요. 싫으면 말고. 이렇게나 신경 써서 이야기한 건데. 그나저나 우리 집에서 하룻밤 자고 출발하면 훨씬 편할 거요.

행여나 내일 친척들이 안 간다고 나오면 난 낙동강 오리알 신세. 그냥 다음을 기약할 수밖에 없었다.

와칸계곡을 포기하고 M41번 파미르 하이웨이를 달리기로 했다. 차를 수배하기는 어렵지 않았다. 이미 몇 사람이 타고 있었으며 전화를 몇 통 받은 기사는 차 시동을 걸고 컨테이너

시장을 출발했다. 지프 차였다. 그는 가는 도중에 탈 사람들과 통화했나보다. 이곳 시장을 떠난 차가 이상하게도 호로그쪽이 아닌 카라콜 방향을 향해 달리기 시작했다. 호로그 시장에서 팔 양들을 실어야 한다면서. '맙소사, 이건 또 무슨 날벼락인가. 양이라니.' 마을 골목골목을 쉼 없이 뒤지고 다니면서 온갖 박스를 싣기 시작한다.

가는 길에 펼쳐지는 파라다이스와 같은 풍경 때문에 딱히 불평하지는 않았다. 다만 차 내부는 더없이 불편했지만. 여행을 한다는 것은 나를 찾아가는 길이라고 한다. 구도자와 같은 인내심과 깨달음을 통해 나다운 나를 찾아간다고 한다. 그러한 시간만으로도 충분히 가치가 있다.

오늘 내가 겪은 이러한 경험 역시 나다운 나를 찾아가는데 큰 힘이 될 것이다. 그 믿음이 있기에 오늘도 나는 온갖 불편함과 무슨 일이 일어날지 모르는 불안감과 기대감 속에서 하루를 마무리한다. 여행자의 일상이라는 것이 그런 것 아니겠는가.

리스본_ 포르투갈 *Feb. 11th, 2016.*

인생의
파두를 만나다

리스본에는 연일 비가 내렸다. 비가 내리는 날엔 바깥에 나가지 않고 오랜 시간 쾌적한 공간에서 시간을 보낼 수 있어 박물관이나 미술관이 제격이다. 온도, 습도까지 최적으로 갖춰진 장소인 만큼 내가 유물이나 보물이 된 듯한 느낌까지 갖게 하는 묘한 곳이었다. 두 곳 다 평소 찾아가는 곳이 아니었기에 새로운 장소를 물색해야 했다.

숙소에 있는 리스본 관광 안내지도를 집어 들었다. '어느 도시에서는 뭘 봐야 하고 뭘 먹어야 한다'라는 식의 여행을 좀처럼 하지 않지만 끊임없이 내리는 비에는 뚜벅이 여행자도 어쩔 도리가 없었다.

　박물관이나 미술관을 많이 좋아하지는 않지만 대중교통은 엉덩이에 종기가 나도록 타는 걸 즐겨하니 박물관을 가기 위해 전차를 타는 건지, 전차를 타기 위해 박물관에 간다고 하는 건지 헷갈리기 시작했다. 리스본을 걷다보니 노란색 전차가 쉬이 눈에 들어왔고 비까지 내리니 전차는 평소보다 더 짙어 보였다.

　비바람에 등 떠밀려 도착한 정류장에 서 있으니 전차가 와서 멈췄다. 사람들이 우루루 몰려들었고 소매치기가 출몰한다는 소문을 들어서인지 주머니 단속을 철저히 했다. 전차가 좁고 가파른 리스본 길을 앙증맞게 헤집고 다녀 구경은 제대로 했는데 서서 타고 가려니 몸이 피곤해졌다.

맥도날드에서 시래기국을 먹다니

한 바퀴를 타고 내리니 절로 배가 고파지는 것은 인지상정.

식당에 혼자 들어가는 일을 무엇보다 싫어하는 것을 두고 누군가는 진정한 배낭여행자가 맞느냐며 나에게 핀잔을 주기도 했는데 어쩌겠는가, 그게 나의 본성인 것을. 식당 몇 곳의 문손잡이를 잡지도 못한 채 근처만 맴돌다 결국 발걸음이 닿은 곳이 맥도날드. 스윽 들어갔다가 얼른 스윽 빠져나오고 싶었다.

　문을 열고 들어가기 전까지는 그저 햄버거 세트를 먹고 나오겠거니 생각했는데 메뉴판에 따스한 국물이 보여서 빵과

주문해보았다. 쌀쌀한 날에 뜨거운 국물은 어느 음식 못
지않게 맛있었는데 시래기국 맛이 났다. 예상치 못한 시
래기국을 만나고 보니 매콤한 것까지 덩달아 그리워졌
다. 그렇다. 난 그렇게나 매운 것을 좋아하는 여행자다.
물론 글로벌 식 매운 것이 아니라 지극히 한국 스타일의
매운 음식이 좋다. 그런데도 세계인을 자처하며 이렇게
전 세계를 헤집고 다닌다. 음식이라는 1차원적인 필요
충분조건을 충족시키지도 못하면서.

　하지만 이가 없으면 잇몸으로라도 음식을 씹어야 하
는 법. 파두 식당에서 그 맛을 찾을 수 있지 않을까 하는
마음에 알파마 언덕을 슬슬 걸어볼까 한다. 알파마는 지
금 머무는 동네에서 한참 떨어진 곳이라 무엇을 타고 갈
까 숙소 리셉션에 물었다.

　대중교통을 알려주면 좋으련만 복잡한 뭔가가 있는
지 택시를 타라는 단출한 답변이 돌아왔다. 이럴 때면
검색의 힘을 빌리는 수밖에. 알파마로 가는 방법과 알
파마에 인기 있는 식당까지 스마트폰으로 검색해 알아
냈다.

　비싸지 않고 분위기가 괜찮은 파두 식당을 검색했는
데 인터넷에서는 경기도 '파주 식당'이 아니냐고 반문하

는 게 아닌가. 순간 피식 웃음이 터졌다. 파주에 사는 친형과 지난 바이칼 여행을 함께했던 여행자가 문득 떠올랐다.

시간이 지나도 계속 내리는 비에 몸은 점점 무거워졌다. 나가기가 귀찮아진 것이다. 침대에 몸을 뉘이고 조금 더 집중해서 파두 식당을 찾았다. 파두라 하면 리스본 항구에서 부르던 운명 같은 노래들이 아닌가. 파두 박물관 주변으로는 파두를 들을 수 있는 선술집이 많다는 사실도 알아냈다.

여러 여행 후기를 들여다본 결과 리스본에서도 파두 하면 알파마 지역에 가야 하는 게 정석인 듯했다. 내리는 비가 그치지 않길 빌며 알파마로 향했다. 비가 내리는 날 파두라니, 이런 날 애인하고 헤어진 사람이 있다면 추적추적 며칠째 내리던 어느 날 밤 파두가 있는 그곳으로 향해도 좋으련만.

파두, 리스본, 야경, 빗물, 황홀한 공연

블로그 후기에서 동네가 후미지고 마약 하는 사람들이 많으니 조심하라는 글을 읽은 듯하여 카메라는 배낭에 넣었지만 파두의 전주곡 같았던 골목길을 담지 않고 그냥 지나칠 수가 없었다. 밤 11시, 저녁식사 시간이 끝나고 파두가 뭔지 잠시 맛이나 볼 정도로 듣고 돌아갈 생각이었다. 유명한 파두

식당 같은데 이미 만석이라 골목길에 서서 잠시 음악을 감상했다.

가수와 제목도 기억나지 않지만 러시아에 살 당시 CD로 들었던 그 노래, 그 파두를 만났을 때 오래전 알고 지낸 포르투갈 친구를 만난 듯 반가웠다. 리스본 알파마 골목길 끝, 후미진 식당에서 들어서 그런지 같은 노래였어도 끈적임이 더욱 강했다.

파두 골목을 이리저리 헤매다 거친 여자의 목소리에 최면이 걸린 듯 불쑥 식당 안으로 들어갔다. 식사할 거냐고 묻는 직원에게 와인이나 한 잔 할 거라고 했다. 깨끗해 보이지 않은 잔에 레드 와인이 채워졌다. 테이스팅까지 바란 건 아니지만 어느 나라 와인인지는 알고 싶었다. 물론 직원은 알려주지 않고 주방으로 쏙 들어가 버렸다.

밤 11시인데 식사를 주문한 테이블도 있었다. 걸어오느라 갈증 난 입안을 와인으로 축였다. 잠시 후 주문을 받던 여직원이 테이블 중간에 서더니 연주가 시작됐다. 그리고는 작은 체구의 그녀가 뱉어내는 소리. 모든 걸 다 가졌다 잃은, 그것이 돈이었는지 사랑이었는지 모르지만 다 잃은 후 며칠을 울고 난 듯했다. 기타 연주를 맡은 노년의 연주가는 힘에 겨운 듯 운율을 타는 듯 연주를 이어갔다.

체구가 큰 여가수가 다음 스테이지를 이어갔다. 노래 가사는 포르투갈어라 알 수 없었지만 중간 중간 '파두'라는 단어가 들렸다. 첫 무대 여가수보다 더 거칠고 더 끈적거리는 이 여가수는 목소리에 삶이 고스란히 묻어 있었다. 그렇다고 그녀가 험난한 삶을 살았다 말할 수 없지만 아파본 사람만이 깊이가 있는 글을 잘 쓰듯 험한 세상의 다리를 건너온 사람만이 낼 수 있는 목소리였다.

자리가 많이 빈 식당이라 별 기대 없이 들어왔다가 와인 한 병을 시키지 않은 것이 못내 아쉬움으로 다가왔다. 와인 한 병을 다 마시면 숙소까지 돌아갈 길이 걱정스럽기도 했기에 잔을 비우는 것으로 식당을 나섰다. 12시가 넘으니 연주도 끝이 났다.

다음 날 다시 비가 내렸다. 리스본은 비에 다 젖어들었고 그 비에 등 떠밀려 내 발걸음은 알파마로 향하고 있었다. 오후 시간인데 공연을 준비하는 사람들, 음식을 나르는 사람들, 테이블을 세팅하는 사람들이 좁은 알파마 골목길을 채우고 있었다.

지난밤에 걸었던 알파마 골목길은 땅거미가 내리려 하는 순간부터 멋있어지는 것 같다. 어제 빈자리가 없어 지나쳐야 했던 A BAIUCA 레스토랑은 텅 비어 있었다. 공연은 여덟 시쯤 시작이라 사진을 몇 장 찍고 숙소로 돌아오며 포르투갈 맥주 SUPER BOCK을 샀다. 미니 스피커에서 흘러나오는 파두와 리스본의 야경이 빗물에 비치며 밤새 황홀한 공연이라도 펼쳐질 모양새다.

톨레도_ 스페인 Feb. 13th, 2016.

새로운 깨달음을 얻으려면
반대로 걸어봐

톨레도에 가기 위해 마드리드 행 기차표를 끊었을 정도로 마드리드보다 근교에 있는 톨레도나 세고비아가 더 보고 싶었다. 마드리드가 스페인의 수도인데 볼 것이 그리 없을 리 없겠지만 솔 광장에 모여 있는 사람들과 거대한 광고판을 보는 것으로 마드리드 여행은 끝이라고 생각됐다.

톨레도로 가는 방법을 검색해 보니 버스와 기차가 있었다. 어제 세고비아에 가기 위해 버스를 탔다가 식겁한 불편함으로 인해 기차를 선택하게 되었다. 정시 출발에 길게 줄서지 않아도 되고 내 자리에 앉으면 됐다. 단 가격이 버스의 두 배. 비싼 점이 흠이라면 흠이겠다. 버스보다 기차를 더 좋아하니 그것으로 더 이상 고민할 필요가 없었다.

서둘러 기차역에 도착했다. 한 시간 후에나 출발한다고 한
다. 30분만 달리면 닿을 곳인데 기차를 한 시간이나 기다려야
하다니. 조금은 허탈한 마음으로 역사를 돌아다녔다. 그냥
떠났다면 못 봤을 마드리드 기차역의 구석구석을 찬찬히 둘
러보았다.

이른 아침인데도 잠을 자고 있는 노숙자들이 곳곳에 보였
다. 그리고 그들 사이로 출근을 준비하는 직장인들이 빵을 뜯
으며 신문을 보고 있었다. 아마 떠날 기차를 기다리는 듯 보
였다.

'비밀의 정원'처럼 잘 꾸며진 마드리드 기차역을 구경하다
붉은 빛줄기를 따라 역 밖으로 나왔다. 아침 해가 떠오르며
마드리드의 하늘을 핏빛으로 물들이고 있었다. 기차 요금이
비싼 건 이런 풍경도 포함되어 있는 게 아닐지 혼자 흡족해
하며 아침 해를 장엄하게 맞이했다.

Enough Is Enough

30분 정도 달려 도착한 톨레도 역. 여기 역사도 그냥 역이 아니다. 군데군데 짙게 밴 아랍의 향기를 맡느라 역사를 빠져나가는 데 한참이 걸렸다. 나가면 바깥에 톨레도 홉온홉오프 버스가 기다릴 줄 알았는데 휑한 주차장만 덩그러니 펼쳐져 있었다. 그 많은 사람들은 어디로 사라진 것일까.

역사 내부를 구경하는 동안 홉온홉오프 버스를 타고 갔나. 사람들이 버스를 타고 달려갔음직한 길을 걸었다. 버스를 타고 갔으면 보지 못했을 풍경 앞에 오랫동안 서 있었다. 바람이 조금 찼지만 어제 세고비아에서 맞닥뜨린 바람이 에어컨이라면 오늘 톨레도 바람은 선풍기 1단 정도였다.

지도를 손에 든 사람들이 향하는 그 길을 무시하고 다른 방향으로 걸었다. 골목길에서 두리번거리고 있으니 2층 베란다에서 담배를 피우던 남자가 말을 걸어왔다.

‒ 올드타운 찾나요?
‒ 네, 거기 가려고 걸어가고 있어요.
‒ 올드타운으로 가려면 반대편으로 올라가야 하는데요.
‒ 나도 알아요. 이 길로 올라서 천천히 톨레도를 구경하고
  싶거든요. 조금 시간 걸리는 거 아는데 좀 걸어보고 싶

었어요. 길 알려줘서 너무 고마워요.

올드타운 속으로 들어갔고 관광객들이 흔히 가는 올드타운이 보이는 언덕을 올랐다. 그곳엔 차량과 관광객이 일렬로 서서 톨레도 전경을 마주하고 있었다. '하늘이 파랬으면 좋았겠지만 흐린 날 톨레도의 풍경을 보는 사람도 있어야지' 하며 위로하는 수밖에…. 모두가 파란 하늘을 보면 흐린 날은 누가 볼까 싶었으니까. 하지만 파란 하늘이 간절하긴 했나보다. 떠나는 발걸음이 더뎠다.

성당, 그리고 또 성당. 누군가 유럽은 성당 구경이라고 하지 않았던가, 그래도 스페인의 성당은 도시마다 조금 다른 멋이 있어 입장권을 끊으려 하니 성당 한 번 보는 데 1만 원이 넘는 금액을 내야 한다.

1,000원을 헌금으로 내던 기억이 가물거릴 정도로 성당에 나간 지 오래됐다. 요즘 헌금은 1만 원 정도 하는지 모르겠지만 성당 입장료가 8유로라는 건 종교스럽지 못한 듯해 좀 불쾌했다. 비싼 돈을 주고 들어왔으니 평소에 잘 찍지 않는 것들도 일부러 담아본다. 더딘 걸음으로 혹시나 빠뜨린 것이 없나 세세하게 구경했다.

성당을 나와 다시 톨레도 골목길을 걸어 기차역으로 향했

다. 기차 출발 시간은 정해져 있고 여행자의 욕심은 끝이 없고. 톨레도 골목길을 다 걷고 싶은 욕심 말이다. 모퉁이를 돌아가면 어떤 길이 이어질지 어떤 벽에 휩싸일지 생각만으로도 행복해 하며 역으로 걸음을 옮겼다.

톨레도에서 보낸 시간이 그리 많지 않을지라도 난 충분히 이곳을 들른 목적을 알고 있다. 유럽여행은 크게 욕심을 낼 수도 있지만 욕심 내지 않아야 하는 곳들도 있다. 이곳에서는 내가 가늠할 수 있을 만큼의 여행이면 충분했다.

비좁은 골목길을 다니는 듯한 유럽여행일지라도 깨달음만큼은 드넓은 운동장을 힘차게 내달리는 것처럼 차곡차곡 쌓인다. 그래서 모두들 유럽으로 향하고 싶어 안달인가 보다. 내가 얻은 깨달음을 충분히 나누고 있기 때문일까.

,,,Epilogue

난 길 위의 여행작가입니다

그냥 여행이 좋아서 여행을 다녔다고 말하지만 그 시간이 그냥은 아니었던 것 같다. 도시를 고르는 것도, 사진을 찍는 것도 나름 신중한 고민 끝에 찾아온 산물이었다. 그런 결과물이 하나 둘 모여 내 삶의 바닥에 든든한 버팀목으로 자리 잡았다.

10여 년도 훌쩍 넘도록 다녔던 여행 이야기와 사진이 한 권에 담겨 세상에 나왔다. 지인들에게 찰떡같이 했던 약속을 늦게라도 꿀떡같이 지키게 되어 다행이지만 늦어서 미안한 마음뿐이다. 글쟁이가 아닌 나에게 글쓰기는 무거운 배낭보다 더욱 무겁게 내 어깨를 짓눌렀던 것도 사실이라고 고백한다.

주위 여행작가분들이 첫 책을 내기까지가 가장 힘들다고 조언하곤 했는데 정말 힘든 작업이었음을 다시금 고백한다. 가끔 서점에 가서 수많은 책들을 보며 저자들 모두를 존경한다고 독백한 적도 있다.

부모님이 살아계실 때 내 이름으로 되어 있는 책을 안겨드릴 수 있다는 것이 가장 기쁜 일이요, 공항 이민국에서 왜 이렇게 여행을 자주 다니냐는 질문에 책 한 권 보여주며 "난 여행작가입니다"라고 말할 수 있어 기쁘다고 마지막으로 고백한다.

앞으로도 지금처럼 열심히 발품을 팔며 돌아다닐 것이고 셔터도 열심히 누를 것이다. 많은 분들이 보내주시는 응원은 잘 모았다가 길 위에서 힘이 들 때 꺼내야겠다. 드디어 한 권의 책이 나온다. 이 책을 구입하는 모든 분들의 손에 직접 쥐어드리고 싶지만 그러지 못해 죄송할 따름이다. 이 글로서 그 미안함을 대신하고자 한다.

— 2016년 한창 가을이 무르익어갈 무렵에
판다스틱

어디에서든, 누구와 함께하든

초판 1쇄 발행 · 2016년 11월 10일

지은이 · 콴타스틱
펴낸이 · 김동하

펴낸곳 · 책들의정원
출판신고 · 2015년 1월 14일 제2015-000001호
주소 · (03955) 서울시 마포구 방울내로9안길 32, 2층(망원동)
문의 · (070) 7853-8600
팩스 · (02) 6020-8601
이메일 · books-garden1@naver.com
블로그 · books-garden1.blog.me

ISBN 979-11-87604-04-4 03980